少儿几何启蒙

学会推理

刘治平◎编著

人民邮电出版社

北 京

图书在版编目（CIP）数据

少儿几何启蒙：学会推理 / 刘治平编著. -- 北京：
人民邮电出版社，2024.4
ISBN 978-7-115-61824-5

Ⅰ. ①少… Ⅱ. ①刘… Ⅲ. ①几何—少儿读物 Ⅳ.
①O18-49

中国国家版本馆CIP数据核字(2023)第093526号

内 容 提 要

几何是一门有趣的学问，通过点、线、面的组合，可以构造出千变万化的图形，为我们认识世界打开一扇新的窗户。

"少儿几何启蒙"系列图书是专为小读者编写的一套通俗几何读物。在这套书中，作者在长期研究和教学实践的基础上精心组织内容，通过丰富的例题和习题讲解，深入浅出地介绍基本的几何定义、定理以及解决相关几何问题的方法和技巧。更为重要的一点是，这套书从日常生活的直观认识出发，在形象思维的基础上抽象出普遍的规律性，既符合小读者的思维习惯，又能自然而然地帮助他们提高思维能力。

本书主要结合大量趣题介绍几何中的有关推理方法，包括简单的证明与计算、图形的区分与比较、图形想象力的培养、看图找规律等内容。希望广大小读者在阅读本书的过程中体会到学习几何的乐趣。

◆ 编　著　刘治平
　　责任编辑　刘　朋
　　责任印制　陈　犇

◆ 人民邮电出版社出版发行　　北京市丰台区成寿寺路 11 号
　　邮编　100164　　电子邮件　315@ptpress.com.cn
　　网址　https://www.ptpress.com.cn
　　三河市中晟雅豪印务有限公司印刷

◆ 开本：720×960　1/16
　　印张：18　　　　　　　　2024 年 4 月第 1 版
　　字数：210 千字　　　　　2024 年 4 月河北第 1 次印刷

定价：54.90 元

读者服务热线：(010)81055410　印装质量热线：(010)81055316
反盗版热线：(010)81055315
广告经营许可证：京东市监广登字 20170147 号

总　序[1]

　　这套小书的作者刘治平教授在回顾退休前后多年的经历时这样说："我喜欢小孩，更喜欢教小孩。回想起来，自大学教书退休前至今，教小孩学数学有 30 多个年头了。其间，我倾注心血，边学边教。在做这件事上确实有一点点成绩，自己也获得了莫大的愉悦。"

　　说"一点点成绩"，当然是刘教授自谦。在此期间，他教过北京海淀区的中关村第一小学、中关村第二小学、北京科技大学附属小学、北京理工大学附属小学、清华大学附属小学、北京大学附属小学等十几所小学的课外数学班；受著名教育家、人民大学附属中学校长刘彭芝之邀，在北京市华罗庚学校教过超常儿童奥数班，参与编写了被广泛采用的教材；参加过第十一届世界天才儿童教育大会，所撰写的文章发表于英国伦敦发行的专刊；还曾应世界天才儿童协会时任主席、台湾师范大学教授吴武典（1940—）之邀，赴台参加 1999 年资优教育研究学术研讨会并发表文章。他创办了北京幼幼培训学校和北京吉福超常启蒙教育研究所，发表了教研文章 30 多篇，受到了孩子、家长、学校老师和有关领导的欢迎和赞赏，被评为海淀区教育系统

[1]　本文作者张景中，计算机科学家、数学家和数学教育家，中国科学院院士，曾任第四届中国科普作家协会理事长、第一届中国高等教育学会教育数学专业委员会理事长。

优秀教师。他曾荣获教学征文一等奖、中国科教创新贡献奖及中国当代思想成就奖等。这就是一位退休老人的"一点点成绩"！

我们自然要问，这位老教授是如何教孩子们学数学的呢？中小学数学里几何最难，他又是如何教孩子们学几何的呢？

这套小书总称"少儿几何启蒙"，顺次分为"认识图形""学会推理""立体图形"和"图形变换"四个分册。作者在书中开门见山、直来直去、生动详尽地展示了自己教小孩的具体过程和核心思路，并结合近年来中小学数学教学中有效的新思路做了若干补充。

讲几何离不开几何图形，几何图形的基本元素无非是点、直线、线段和圆等。刘教授用生动直白的话语向孩子们介绍这些基本图形，直来直去地指着黑板说："这叫什么？这叫'点'。用笔在纸上画一个点，可以画大些，也可以画小些。点在纸上占一个位置。"

在这里，他不说"这是'点'"，而说"这叫'点'"，其背后有深刻的道理。自 19 世纪以来，数学家开始明白，数学研究的对象（如数、点等）并非客观的实体，它们"实际上"是什么，不可能也不需要在数学上讨论和解决。数学关心的只是这些研究对象组成的结构和关系。柯朗等在名著《什么是数学》中说："基本的数学概念必须抽象化，这一见解是近代公理化发展中最重要和最丰富的成果之一。"这里，刘教授采用"这叫'点'"的用语，体现了数学概念抽象化的深刻思想，在孩子们的心里播下数学思维的种子。在讲解相关内容时，刘教授为此加了一节"写给家长和老师的话"，有助于家长和老师在孩子们成长的过程中帮助其深化这方面的认识。

在语言文字生动简明的基础上，刘教授在书中对几何逻辑推理的起点也进行了简化梳理，并且提出了"信息几何"这一新概念，不仅关心几何图形中几何性质的逻辑关系，也关心图形中的组合计量信息。孩子们可以通过"点连线""线交点""种树成行""摆小棍""破密码""数图形个数""连线游戏"等一系列有趣的活动，在玩中学，在学中玩。这些活动贯穿着观察与猜想，通过归纳找规律，开放思维，放飞想象。例如，引导孩子们观察、计算11条直线最多能交出多少个点，由少到多，让孩子们发现其中的规律。又如，在观赏行、列和均为34的四阶幻方后，启发孩子们找寻其中还有哪些和为34的数组，它们组成什么样的四边形。结果，大家在课堂上就找出了几十个这样的"数字四边形"，让孩子们产生"震撼感"！这样把几何图形和组合计数联系起来，不仅引出了著名的欧拉网络公式"交点数＋区域数－连线数=1"，还介绍了"二人点连线""画图形画"等游戏性质的活动，其中一些内容还被英国的《国际天才教育》选为专刊的封面图（*Gifted Education International*，Volume 12，No 2，1997）。

在认识了常见的几何图形的基础上，自然要引导孩子们学点推理。书中不仅介绍了实际的教学过程和宝贵的经验，还引进了有力的初等几何的新方法，特别是以三共定理为代表的面积法。

传统的几何推理方法以全等三角形和相似三角形为基础。如果图中没有现成的全等三角形或相似三角形，就要作辅助线，这就增加了解题的难度。此外，三角形全等要满足三个条件，三角形相似要满足两个条件，这样从三个或两个条件推出一个结论，给初学者带来了困难。

以三角形面积公式为基础的三共定理学起来容易（都是三角形面积公式的简单推论），用起来方便（一个条件一个结论，还不用作辅助线），解题效果显著，而且能够串通几何、代数和三角的知识，沟通孩子们学过的知识和将来要学的知识。许多重要的几何事实用三共定理来证明，立刻就变简单了。回忆自己在初中学三角形中线的性质，那时要作辅助线，用上平行四边形对角线的性质等知识；现在有了共边定理，将两个面积一比，马上就看出结果来了。这种方法具有一般性，把中点换成三分点或四分点，也能够算出相应的结果。书中除了这个例子，还举出了塞瓦定理等著名结论的简单推导，很有说服力。

　　在三共定理中，共高定理和共角定理早就有了，但共边定理在传统的教材和教参中未见提到。近年出版的一本高校用的初等几何教材提到过一个有趣的例子：大数学家华罗庚（1910—1985）用初中数学知识给出了射影几何的一条基本定理的证明，用了一页篇幅，但作者后来发现，用基于小学知识的共边定理，仅一行就推导出来了。实际上，共边定理的本质是确定两条直线交点的位置，代数意义就是求解二元一次方程组。这样一来，平面射影几何里所有涉及直线相交的定理用共边定理就都能证明。

　　另一方面，共角定理的发展直观而自然地引出了三角函数中的正弦，而且不用坐标就给出了涵盖钝角的正弦定义，实现了荷兰数学家、数学教育家弗赖登塔尔（1905—1990）提出的"提前两年学正弦"的设想。我国首创的这种"重建三角"的想法在初中阶段进入教学实验已有十几年，显示出了提升学生学习兴趣和解题能力的明显效果。这套小书向小学生讲正弦，也是一个大胆尝试。我国著名数学教育家张奠宙（1933—2018）在他的著作中写道："如果能从小学就开始熟悉 $\sin A$，当然是一次重大的思想解放……如果三角学真的有一天会下放到小学的话，这大约是一个历史起点。"

　　综观这套小书，由浅入深，从观察到计算再到推理，从平面画图到制作立体模型，从生动有趣的游戏到大师的著名贡献（如七桥问题和欧拉公式），刘教授总是用浅显通俗的语言引入问题，启发孩子们去想象，诱导孩子们去思考和发现，让孩子们在快乐、惊奇甚至震撼中进入数学的新天地。

我没有教过小学，更没有对小学数学教学做过深入的考察研究。看了这套小书，我感到这样教孩子们学数学必然有好的效果，能够让孩子们爱上数学。当然，孩子们的具体情形各不相同，书中的具体内容也有需要进一步探讨、改进之处。但我希望并相信，千千万万的孩子会在老师或家长的关怀下从书中获益，从书中体会到数学是多么好玩，多么值得思考和探索。

2023 年 12 月 25 日

前　言

　　数学是一门伟大的学问，也是人类智慧的最高体现，世界上任何现象的背后都隐藏着数学。我国有着悠久的数学传统，人们一直非常重视数学教育。在少儿的早期教育中，社会各界尤其关注数学启蒙教育。

　　目前，少儿接受数学教育的渠道很多，教育资源也很丰富。如果简单地把数学分为数与形两大部分，那么少儿在学习与算术和代数相关的内容的同时，很有必要接触和了解与图形相关的几何知识。只有数形结合，才能充分体会到数学的魅力，培养全面的数学思维能力。荷兰著名数学家和数学教育家弗赖登塔尔说："从小时候起，我们就很熟悉物体的详细图形。这些图形是通过对实物进行放大或缩小而得到的，在数学上称为相似。不容置疑，从认知发展来讲，这种相似性是先于数的概念的。"他还说："我确信，在个体发展中，几何甚至先于算术。"我国著名数学家和数学教育家张景中院士首先提出并大力倡导"教育数学"思想，为教育改造数学，对数学原创成果和教材内容进行再创造，以便适合教与学。他主张将计算和图形串通起来，这样数学会变得更有趣和更容易。

　　然而，在少儿数学启蒙方面，人们所关注的多是算术方面的内容，而对几何的关注较少。原因有多种，其中不少人认为几何很"难"，少儿除了认识简单的几何图形外很难掌握那些深奥的几何知识。另外，目前适合少儿阅读的通俗几何读物很少。因此，出版一套符合少儿认知规律、富有启发意义的几何科普图书是我们的一大心愿。

本书作者刘治平教授自 20 世纪 90 年代开始从事少儿数学启蒙教育工作，创办数学启蒙教育学校，曾任北京市华罗庚学校特聘教授，先后受邀到北京市海淀区的十几所小学授课开展教学活动，多次被评为优秀教师，取得了可喜的成果，受到了社会各界的肯定和普遍赞誉。在教学实践中，刘治平教授遵从少儿的认知心理规律，通过生动有趣的课堂面授，促进少儿数学思维的形成和发展。他深刻地认识到，只有跑到"发展"前面的教学才是"好的教学"，而少儿对于几何的接受能力远超一般人的刻板印象，大多数少儿通过系统的学习就能快速掌握一些较为深刻的几何概念和有效的学习方法。这对于他们以后的数学学习大有裨益，尤其是能够改变他们对几何学习的认识。

这套图书是在刘治平教授多年来所使用的讲义的基础上编写而成的，其中既有详细的例题讲解，也有丰富的练习题目，体现了他一贯秉持的教育理念。这套图书一共包括四册，分别是《少儿几何启蒙：认识图形》《少儿几何启蒙：学会推理》《少儿几何启蒙：立体图形》《少儿几何启蒙：图形变换》。我建议小读者根据书中的内容安排，循序渐进地学习几何知识。当然，你也可以根据自己的兴趣，按照自己的方式，选取有关内容进行学习。在遇到困难或不懂的问题时，请不要放弃和回避，而是要坚持独立思考，并及时向家长、老师或高年级的同学请教。相信你的学习兴趣会越来越大。

作为少儿学习几何的启蒙读物，这套书对有的知识点只做了初步介绍。如果你想对有关问题进行更系统、深入的学习，可以阅读《平面几何新路》（张景中著）、《一线串通的初等数学》（张景中著）、《少年数学实验（第2版）》（张景中、王鹏远著）以及《仁者无敌面积法：巧思妙解学几何》（彭翕成、张景中著）等著作。

最后，感谢尧刚先生以及成都景中教育软件有限公司在本套图书的出版过程中给予的支持和帮助。

由于时间仓促，本书在编排过程中难免存在疏漏之处，欢迎广大读者朋友批评指正。

目 录

第 1 讲 论证与计算（一）/ 1

第 1 节　三角形中的三边关系 /2
第 2 节　三角形中的边角关系 /14
第 3 节　三角形的内角和 /21
第 4 节　全等三角形的判定 /34

第 2 讲 论证与计算（二）/ 37

第 1 节　面积与周长 /38
第 2 节　可视化与割补法 /57
第 3 节　勾股定理初探 /70
第 4 节　勾股定理的证明 /81
第 5 节　《几何原本》有关命题解读 /95
附　录　几条重要的定理 /107

第 3 讲 三共定理 / 115

第 1 节　比与比例 /116
第 2 节　解读三共定理 /123
第 3 节　练习与提高 /154

第4讲

火柴棍中的几何 / 169

第1节　典型例题讲解 /170
第2节　练习与提高 /175
第3节　思维拓展 /187
第4节　写给家长和教师的话 /194

第5讲

区分、比较、找规律 / 197

第1节　典型例题讲解 /198
第2节　练习与提高 /206
第3节　写给家长和教师的话 /224

第6讲

图形想象力 / 227

第1节　"点连线"的奇想与发现 /228
第2节　划分正方形：课堂上欢笑起来 /233
第3节　画图形画：激发小学生的想象力 /239
第4节　"摆木棍"游戏教学记 /244
第5节　一笔画问题：玩着画，学归纳 /251
第6节　七桥问题：学欧拉，会抽象 /262

致　谢 /271

第 1 讲

论证与计算（一）

第 1 节　三角形中的三边关系
第 2 节　三角形中的边角关系
第 3 节　三角形的内角和
第 4 节　全等三角形的判定

01

第 1 节　三角形中的三边关系

一、典型例题讲解

【例1】　如果你用 3 根小木棍摆成了一个如下图所示的三角形，仔细看一看，你能从中发现什么？

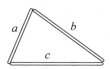

解：由于"两点之间线段最短"，故知在这个已经构成的三角形中必定有三角形的两边之和大于第三边，即

$$a+b>c, \quad b+c>a, \quad a+c>b$$

进而联想到以下情形。

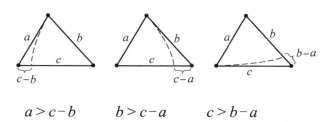

$$a>c-b \qquad b>c-a \qquad c>b-a$$

因此，三角形中两边之差小于第三边。

【例2】　用下图所示的 3 根小木棍，你能不能摆出一个三角形？据此，你能想到什么？

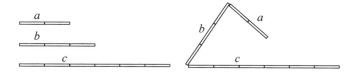

解：在上图中，$a=2$，$b=3$，$c=6$，由于 $2+3\not>6$，所以用它们摆不成三角形。

可知，在给定的3条线段中，若两条线段相加之和不大于（小于或等于）第三边，则它们构不成三角形。

进而联想，用边长为1、2、3的一组小木棍或边长为2、3、5的一组小木棍，必定也摆不成三角形，对吧？

【例3】 若在给定的3根小木棍中，有两根小木棍的长度之和大于第三根，这时你能否说用这样的3根小木棍就一定能围成一个三角形？

解：不能肯定（因为已知条件不够，即不充分）。

经观察，我们有以下两个发现。

①若较短的两根小木棍的长度之和大于最长者，则它们能围成一个三角形，如下图所示。

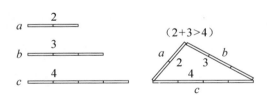

②若所取的两根小木棍中不含最短者，则它们不一定能围成一个三角形，如下图所示。

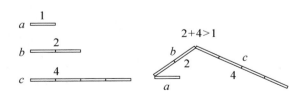

进而联想，数学语言是非常严谨的，马马虎虎、随随便便地说是不行的。不能因为知道了"三角形的两边之和大于第三边"而不动脑子随便说"在3根小木棍中，若两根的长度之和大于第三根，我们就一定能用它们摆成一个三角形"。为什么呢？请仔细地想一想，"在3根小木棍中，两根的长度之和大于第三根"有两种不同的情况：一是3根长度像2、3、4这样的小木棍，因为2+3＞4，2+4＞3，3+4＞2，所以用它们一定能摆成一个三角形；二是3根长度像1、2、4这样的小木棍（如上图所示），此时虽然4+1＞2，4+2＞1，但1+2≯4，所以用它们不能摆成一个三角形。

数学家说，在3根小木棍中，"两根小木棍的长度之和大于第三根"是三者能围成三角形的必要条件。但只有这一条还不行，还必须增加那两根小木棍是"较短的两根小木棍"这一个条件才行。这好比"有饭吃"是"能活"的必要条件，但是光"有饭吃"不行，还必须满足"有水喝"等条件。

【例4】 3条边皆为整数且最长的边为5的三角形有几个？

解：较短的两条边之和大于5时就可以构成三角形。

第一组有5个：

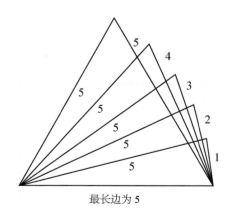

最长边为5

第二组有 3 个：

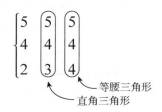

——等腰三角形
——直角三角形

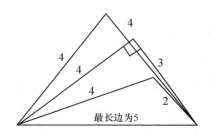

最长边为5

第三组有 1 个：

——等腰三角形

最长边为5

因此，可以构成的三角形共有 9 个，即 5+3+1=9。

【例5】 3 条边皆为整数且最长的边为 11 的三角形有几个？

解： 较短的两条边之和大于 11 时，可构成三角形。这里 $a=11$，如右图所示。可知，a、b、c之间的关系有以下情形。

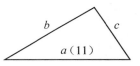

① $a=11$，$b=11$，共有 11 个三角形。

a	11	11	11	11	11	11	11	11	11	11	11
b	11	11	11	11	11	11	11	11	11	11	11
c	1	2	3	4	5	6	7	8	9	10	11

② $a=11$，$b=10$，共有 9 个三角形。

a	11	11	11	11	11	11	11	11	11
b	10	10	10	10	10	10	10	10	10
c	2	3	4	5	6	7	8	9	10

③ $a=11$，$b=9$，共有 7 个三角形。

a	11	11	11	11	11	11	11
b	9	9	9	9	9	9	9
c	3	4	5	6	7	8	9

④ $a=11$，$b=8$，共有 5 个三角形。

a	11	11	11	11	11
b	8	8	8	8	8
c	4	5	6	7	8

⑤ $a=11$，$b=7$，共有 3 个三角形。

a	11	11	11
b	7	7	7
c	5	6	7

⑥ $a=11$，$b=6$，有 1 个三角形。

a	11
b	6
c	6

因此，共有 36 个三角形，即 $11+9+7+5+3+1=36$。

【例6】 3 条边皆为整数且最长的边为 19 的三角形最多可能有几个？

解：另外两条较短的边之和大于 19 时，这 3 条边就能构成三角形。这里已知 $a=19$，如右图所示。

$b=19$ 时，c 的取值有 19 个，即 $c=1$、2、3、4、5、6、7、8、9、10、11、12、13、14、15、16、17、18、19。

$b=18$ 时，c 的取值有 17 个，即 $c=2$、3、4、5、6、7、8、9、10、11、12、13、14、15、16、17、18。

$b=17$ 时，c 的取值有 15 个，即 $c=3$、4、5、6、7、8、9、10、11、12、13、14、15、16、17。

……

$b=12$ 时，c 的取值有 5 个，即 $c=8$、9、10、11、12。

$b=11$ 时，c 的取值有 3 个，即 $c=9$、10、11。

$b=10$ 时，c 的取值有 1 个，即 $c=10$。

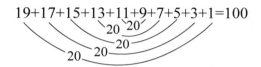

因此，最多有 100 个三角形。

【例7】 3 条边皆为整数且最长的边为 99 的三角形有多少个？

解：另外两条较短的边之和大于 99 时，这 3 条边即可构成三角形。回顾前边几道例题的情况，总结如下。

最长的边为 5 的三角形的个数为：$5+3+1=9$（个）。

最长的边为 11 的三角形的个数为：$11+9+7+5+3+1=36$（个）。

最长的边为 19 的三角形的个数为：$19+17+15+\cdots+5+3+1=100$（个）。

啊！我们发现了规律。最长的边为 99 的三角形的个数为

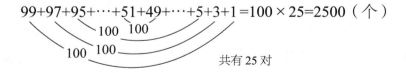

共有 25 对

> **知识拓展**：学习用归纳法找规律，求奇数的个数。
>
> 1、3、5、7、9 → 5 个奇数
>
> 1、3、5、7、9、11、13、15、17、19 → 10 个奇数

1、3、5……25、27、29 → 15 个奇数

1、3、5……35、37、39 → 20 个奇数

……

1、3、5……95、97、99 → 50 个奇数

哦，明白了！连续奇数序列中所包含的奇数个数为

（末数 － 首数）÷2+1

二、练习与提高

（1）有下面两组小木棍，摆一摆，想一想。

①用 3 根一样长的小木棍摆一个等边三角形，再用橡皮泥将其黏住。

②用两根一样长的小木棍和一根较短的小木棍摆一个等腰三角形，再用橡皮泥将其黏住。

③一个等边三角形必定是一个等腰三角形，对吗？反过来说，每个等腰三角形都是等边三角形，对吗？

（2）摆直角三角形。

①用下图所示的 3 根小木棍摆一个直角三角形，再用橡皮泥将其黏住。注意：这 3 根小木棍的长度不是随意的，若以一根火柴棍为单位去测量，它们的长度分别是 3、4 和 5。

第一根：　　　　　3

第二根：　　　　　4

第三根：　　　　　5

②若改用下图所示的长度分别为 2、4 和 5 的 3 根小木棍，还能摆成直角三角形吗？

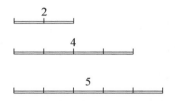

③改用下图所示的长度分别为 4、4 和 5 的 3 根小木棍，还能摆成直角三角形吗？

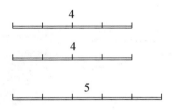

④改用下图所示的 3 根长度分别是 3、4 和 6 的小木棍，能摆成直角三角形吗？

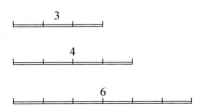

⑤通过动手做，你有什么发现？

（3）边长只可能为 2、3、7 或 11 的等腰三角形共有多少种？

提示：等边三角形也是等腰三角形。

（4）请试一试用下面 6 组小木棍能不能摆成直角三角形。

第一组：6、8、10。

第二组：9、12、15。

第三组：5、12、13。

第四组：7、24、25。

第五组：8、15、17。

第六组：12、35、37。

也可以采用另外一种方法，请几个小朋友在地上将打好结的绳子拉直，看看能不能得到直角三角形。

（5）小明喜欢几何，老师常常鼓励他。一天，老师给了他 9 根长度各不相等而都是整厘米数的小木棍，其中最长的是 55 厘米。老师叫小明用它们摆成一些三角形。小明很高兴，心中非常感激老师的关怀和培养。但是，好长时间过去了，小明连一个三角形也没摆成。小朋友，你能猜出这是怎样的 9 根小木棍吗？你能和小明讨论一下，为什么不能用这 9 根小木棍摆出三角形？

（6）如下图所示，在 $\triangle ABC$ 中，D、E、F 分别是 BC、AC、AB 上的任意一点，连接 AD、BE、CF。

求证：$AD+BE+CF > \dfrac{1}{2}(AB+BC+AC)$。

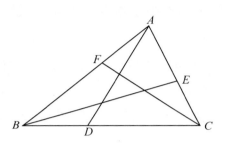

习题解答

（1）①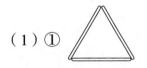　②

③在一个等边三角形中，它的 3 条边都相等，当然其中的两条边也必然相等，所以每一个等边三角形都必定是等腰三角形。但反过来说就不对了，因为等腰三角形中有两条边相等，而对第三条边的长度没有限制。因此，等腰三角形不一定是等边三角形。

（2）①是直角三角形。　　　　　　②不能，而能得到钝角三角形。

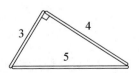　　　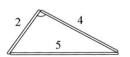

③不能，而能得到等腰三角形。　④不能，而能得到钝角三角形。

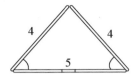　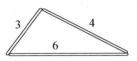

⑤总结以上 4 种摆法，可知只有用 3 根长度分别为 3、4、5 的小木棍才能摆成直角三角形。

（3）解法一：边长为 2、3、7 或 11 的等边三角形共有 4 种，如下图所示。

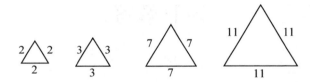

根据三角形的两边之和大于第三边可知，非等边的等腰三角形有以下几种。

①腰 = 2，底 = 3，有 1 种。

②腰 = 3，底 = 2，有 1 种。

③腰 = 7，底 = 2、3、11，有 3 种。

④腰 = 11，底 = 2、3、7，有 3 种。

总共有 12 种等腰三角形，即 4＋1＋1＋3＋3＝12。

解法二：以底分类。

①底＝2，腰＝2、3、7、11，有 4 种。

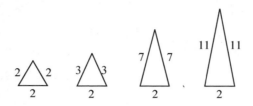

②底＝3，腰＝2、3、7、11，有 4 种。

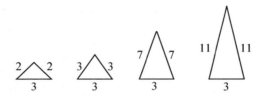

③底＝7，腰＝7、11，有 2 种。

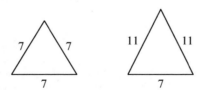

④底＝11，腰＝7、11，有 2 种。

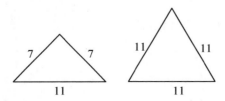

因此，总共有 12 种等腰三角形，即 4＋4＋2＋2＝12。

（4）略。

（5）此题答案略。你若一下子想不出来，也不要紧，请你在脑子里慢慢想，时不时地琢磨一下。终有一天，你会想出来。

（6）证明：先考虑 AD。在 $\triangle ADB$ 中，有

$$AD + BD > AB$$

在 $\triangle ADC$ 中，有

$$AD + DC > AC$$

由于 $BD+DC=BC$，则把上面两个不等式相加后有

$$2AD + BC > AB + AC \qquad\qquad ①$$

同理， $\qquad 2BE + AC > AB + BC \qquad\qquad ②$

$$2CF + AB > AC + BC \qquad\qquad ③$$

将式①、式②、式③的两边分别相加，得

$$2(AD+BE+CF) + (AB+BC+AC) > 2(AB+BC+AC)$$

$$2(AD+BE+CF) > AB+BC+AC$$

$$AD+BE+CF > \frac{1}{2}(AB+BC+AC)$$

第2节 三角形中的边角关系

在几何学中，我们关注的最基本的一类问题是长度和角度之间的关系。"数学的根源在于普通的常识"。现在设想我们走了一段距离，然后拐了一个弯，接着又走了一段距离（见右图），那么我们此刻离起点有多远呢？在右图中，边 AC_1 对

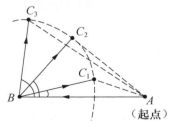

应于∠ABC_1，边 AC_2 对应于∠ABC_2，边 AC_3 对应于∠ABC_3。显然，终点与起点的距离 AC_1、AC_2、AC_3 与∠ABC_1、∠ABC_2、∠ABC_3 的大小相对应，它们之间的关系就是我们在几何学中要进一步研究的三角形的边角关系。如何开始研究呢？

数学王子高斯（1777—1855）认为数学是眼睛的科学，少不了观察。大数学家欧拉（1707—1783）也说数学需要观察和实验。今天人们所知道的数的性质几乎都是通过观察发现的。

【例 1】 观察三角形的边与角之间有什么关系。

画一个一般的三角形 ABC，它的 3 个顶点是 A、B、C，3 条边是 a、b、c（不一样长），它们所对的角分别是∠A、∠B、∠C，如下图所示。

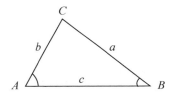

通过观察可知，a 大于 b，∠A 大于∠B。

进而联想：在三角形中，大边对大角，小边对小角；反过来也可以说，大角对大边，小角对小边。

继续联想：等腰三角形（见右图）的两个底角相等。

在此，我们介绍 4 种证法。

证法一：这种证法的依据是"连续性原理"。既然三角形的大边对大角，小边对小角，那么我们可让大边逐渐变短，则它所对的角也就逐渐变小。当这条边变得与小边相等时，则它所对的角就会变得和小边所对的角相等了。于是，我们就得到结论：等边对等角。

证法二：采用反证法。假设两个底角不相等，则根据"大角对大边，小角对小边"可以推出此三角形的两条边不相等，这和已知矛盾，因此假设不对，所以等腰三角形的两个底角相等。

继续联想：等边三角形的 3 个内角相等。

证法三：以下内容引自远山启（1909—1979）所著的《数学与生活》。

关于等腰三角形的两个底角相等，古希腊的泰勒斯（约前 624—约前 546）不知道怎样证明这个定理，而欧几里得（约前 330—前 275）以惊人的复杂方法做出了证明。在欧几里得之后约 500 年（3 世纪）出了个巴伯斯，他简单地利用"两边夹一角"定理就做出了证明，那就是将三角形翻过来。

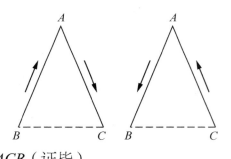

如右图所示，将 △ABC 按 B-A-C 和 C-A-B 的顺序进行比较，则边 - 角 - 边分别为 BA-∠BAC-AC 和 CA-∠CAB-AB。由于 AB＝AC，我们将三角形向右翻过来使这两条边重合，则点 B 和 C、A 和 A、C 和 B 能够重合，故有 ∠ABC＝∠ACB（证毕）。

证法四：这里介绍欧几里得的《几何原本》中的证法。如右图所示，已知在 △ABC 中，AB＝AC，欧几里得是这样证明 ∠1＝∠2 的。

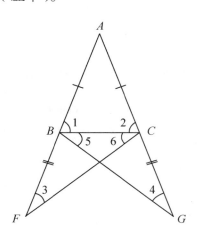

把边 AB 延长到点 F，把边 AC 延长到点 G，使 BF＝CG，可见在 △AFC 和 △AGB 中 AB＝AC（已知），∠A ＝∠A（公共角）。由此可得 AF＝AG（等量加等量，

其和相等），所以△AFC≌△AGB（边角边定理），因而$FC=GB$，∠3=∠4，∠ACF=∠ABG。故知△CBF≌△BCG（边角边定理），可得∠5=∠6。于是，∠1=∠2（等量减等量，其差相等）。

注意：在《几何原本》中，在这个命题之前，边角边定理（若两个三角形的两边及其夹角对应相等，则二者全等）已得到证明。

人们发现，在直角三角形中，如果一个锐角是30°，那么这个锐角所对的直角边就等于斜边的一半。换句话说，30°角所对的直角边与斜边的比等于1/2。这条性质与三角形的大小无关。

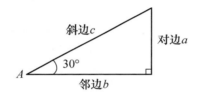

人们就会自然地联想到，如果直角三角形的一个锐角不是30°，而是任何其他度数（见右图），它的对边与斜边的比也是确定的值吗？

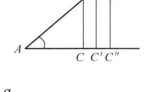

人们经过研究发现，只要锐角 A 的大小确定，那么在用它作为一个角画出的直角三角形中，它的对边与斜边的比就是一个确定的值。因此，人们就想到用一个专门的记号来表示，即$\sin A=\dfrac{对边\,a}{斜边\,c}$，称为∠$A$ 的"正弦"。类似地，$\cos A=\dfrac{邻边\,b}{斜边\,c}$，称为∠$A$ 的"余弦"；$\tan A=\dfrac{对边\,a}{邻边\,b}$，称为∠$A$ 的"正切"。

人们进而把它们叫作"三角函数"，下面是几个特殊角的三角函数值。

α	30°	45°	60°
正弦 sinα	$\dfrac{1}{2}=0.5$	$\dfrac{\sqrt{2}}{2}\approx0.7071$	$\dfrac{\sqrt{3}}{2}\approx0.8660$
余弦 cosα	$\dfrac{\sqrt{3}}{2}\approx0.8660$	$\dfrac{\sqrt{2}}{2}\approx0.7071$	$\dfrac{1}{2}=0.5$
正切 tanα	$\dfrac{\sqrt{3}}{3}\approx0.5774$	1	$\sqrt{3}\approx1.7321$

对于任意三角形（见下图），以下边角关系成立（此处不细讲）。

正弦定理： $\dfrac{a}{\sin A}=\dfrac{b}{\sin B}=\dfrac{c}{\sin C}$ 。

余弦定理： $a^2=b^2+c^2-2bc\cos A$ 。

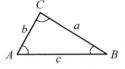

【例2】 在下图所示的筝形 ABDC 中，BA=BD，CA=CD，求证∠BAC=∠BDC。

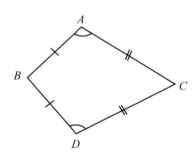

证明： 连接 AD，并标明∠1、∠2、∠3、∠4，如下图所示。

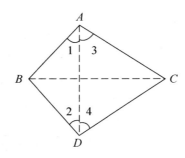

在 $\triangle ABD$ 中，因为 $BA=BD$，所以 $\angle 1=\angle 2$（等腰三角形的两个底角相等）。同理，在 $\triangle ACD$ 中，由于 $CA=CD$，所以 $\angle 3=\angle 4$。因此，$\angle BAC=\angle BDC$（证毕）。

【例 3】 证明等边三角形的 3 条中线交于一点。

证法一：画出示意图，如右图所示。我们知道，等边三角形的 3 条边一样长，它是一种非常特殊的三角形，而且它是轴对称图形。这就是说，如果我们将等边三角形沿对称轴翻转 $180°$，那么它看起来和原来完全一样。但应注意到，等边三角形左右两条边的中点会交换位置，同时连接它们到各自相对的顶点的两条线段（即中线）也会交换位置（见右图）。这意味着这两条中线的交点不会位于对称轴的任何一侧，也就是说这个交点必然在对称轴上。如果不是这样的话，当我们将

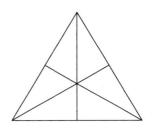

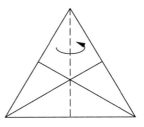

等边三角形翻转 $180°$ 时，这个交点就会移动到对称轴的另一侧，如下图所示。出现这种情况时，我们就能够发现差异，而这是对称性所不允许的。可见，这条对称轴就是第三条边上的中线，由此证明等边三角形的 3 条中线交于一点。

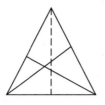 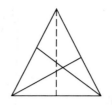

证法二：我们注意到等边三角形具有旋转对称性，也就是说如果

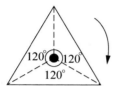

将它绕着一个点旋转 120°（即周角的 1/3），那么它看起来还和原来一样，如左图所示。这个点必然是一个中心点。

现在，我们沿着 3 条对称轴中的任意一条翻转等边三角形（并没有偏向任何一个顶点），发现等边三角形都不会发生变化。这说明这个中心点位于 3 条对称轴上，也就是说 3 条中线交于一点（见右图）。这个点就叫作等边三角形的旋转中心。

应该说明，上述证法摘自保罗·洛克哈特所著的《度量》。另外，保罗·洛克哈特还说了一段有趣的话。他说："这就是数学论证的一个示例，也被称为证明。一个证明就是一个故事，问题的要素扮演故事中的角色，而故事的情节则完全取决于你。与任何虚构的文学作品一样，我们的目标是写出一个叙事引人入胜的故事。就数学来说，这就意味着不仅要求情节合乎逻辑，同时又要求简单优美，没有人喜欢曲折复杂的证明。毫无疑问，我们需要遵从理性前进，但同时我们也想被证明的魅力和美征服。一句话，证明既要漂亮，也要符合逻辑，二者缺一不可。"

第 3 节　三角形的内角和

一、观察与发现

首先观察正方形，发现它的 4 条边相等，4 个角都是直角。若在其内画一条对角线（如下图所示），则必将该正方形分割成完全相同的两半，每一半都是一个等腰直角三角形，它的 3 个内角的和必为 $90° \times 4 \div 2 = 180°$。

再观察长方形，发现它的两组对边相等，4 个角都是直角。若在其内画一条对角线（如下图所示），则必将该长方形分割成完全相同的两半，每一半都是一个直角三角形，它的 3 个内角的和必为 $90° \times 4 \div 2 = 180°$。

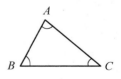

大胆猜想：一般三角形的内角和也该是 180°，即 $\angle A + \angle B + \angle C = 180°$（见右图）。

我们做一个实验，将一个三角形的 3 个角一个个地剪下来，再拼在一起，发现可拼成一个平角（180°），如下图所示。

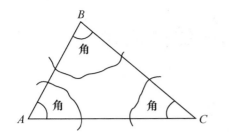

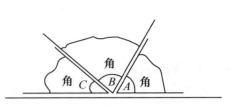

需要指出，对于这种通过做实验得出的"结论"，物理学家予以承认，但数学家说它们只有"启发"意义。下面我们进行证明。

画两条相交的直线（见右图），我们发现对顶角相等，即∠1＝∠2。

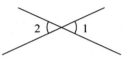

再画一条直线和两条平行线相交（见下图），我们发现同位角相等，即∠1＝∠3；内错角也相等，即∠2＝∠3。

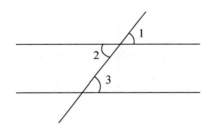

下面介绍《几何原本》中的一种证法。画一个一般的三角形，如下图所示。

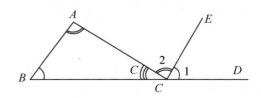

延长边 BC 至点 D，引直线 $CE /\!/ AB$。因为 $\angle 1 = \angle B$（同位角相等），$\angle 2 = \angle A$（内错角相等），故 $\angle A + \angle B + \angle C = \angle 2 + \angle 1 + \angle C = 180°$，即三角形的 3 个内角之和等于 $180°$。

至此，我们得到了三角形内角和定理，也可以得到以下推论。

推论 1：等边三角形的 3 个角都是 $60°$。

推论 2：一个三角形中最多只能有一个直角（$90°$）。

推论 3：一个直角三角形中的两个锐角之和等于 $90°$。

推论 4：等腰直角三角形的两个锐角都等于 $45°$。

推论 5：三角形的一个外角大于与其不相邻的任意一个内角，并且等于与其不相邻的两个内角之和。如下图所示，因 $\angle A + \angle B + \angle C = 180°$，$\angle C' + \angle C = 180°$，所以 $\angle C' = \angle A + \angle B$。

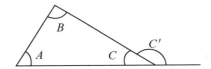

推论 6：一个三角形的 3 个外角之和等于 $360°$。

在下图中，已知 $\angle A'$、$\angle B'$、$\angle C'$ 是 $\triangle ABC$ 的 3 个外角，则 $\angle A' + \angle B' + \angle C' = 360°$，其证明过程如下。

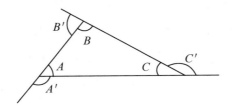

由于已知 $\angle A' + \angle A = 180°$，$\angle B' + \angle B = 180°$，$\angle C' + \angle C = 180°$，

所以∠A'+∠B'+∠C'+∠A+∠B+∠C=180°×3，即∠A'+∠B'+∠C'+180°=180°×3，因此∠A'+∠B'+∠C'=180°×2=360°。

推论 7：四边形的 4 个内角之和等于 360°。

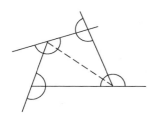

左图是一个一般的四边形，一条对角线（虚线）将它分成两个三角形。根据三角形内角和定理可知，它的 4 个内角之和等于 360°，进而得知它的 4 个外角之和也是 360°。

推论 8：n 边形的内角之和等于 $(n-2) \times 180°$。这就是多边形内角和定理。

二、典型例题讲解

【例 1】 如右图所示，已知∠1=50°，求∠2、∠3 和∠4。

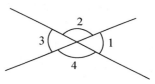

解：因为∠1+∠2=180°，所以∠2=180°−50°=130°。

因为∠1 和∠3 为对顶角，所以∠3=∠1=50°。

因为∠2 和∠4 为对顶角，所以∠4=∠2=130°。

【例 2】 如右图所示，已知 AB 与 EF 平行，求证∠BCF=∠B+∠F。

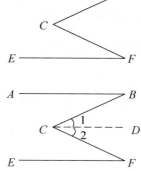

证明：如右图所示，由点 C 引直线 CD，使其平行于 AB，则有 $CD \parallel EF$（一条直线与两条平行线中的一条平行，必与另一条也平行）。由于∠1=∠B（内错角相等），∠2=∠F（同上），且∠1+∠2=∠BCF，故∠BCF=∠B+∠F（等量

代换）。

【例3】 在下图中，已知 $AB /\!/ CD$，$\angle 1 = 29°$，$\angle 2 = 51°$，求 $\angle F$。

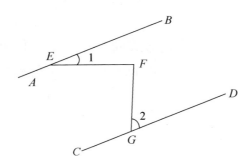

解：由上一个例题的结果可知

$$\angle F = \angle 1 + \angle 2 = 29° + 51° = 80°$$

【例4】 已知一个三角形的 3 个内角之和等于 180°，请导出多边形内角和定理。

解：可采用归纳法。如右图所示，四边形可划分为两个三角形，其内角和为 $2 \times 180° = 360°$。

五边形可划分为 3 个三角形，其内角和为 $3 \times 180° = 540°$，如右图所示。

六边形可划分为 4 个三角形，其内角和为 $4 \times 180° = 720°$，如右图所示。

可见，一个多边形可以划分成的三角形个数等于其边数减 2。因此，n 边形的内角和等于 $(n-2) \times 180°$。

【例5】 将若干个大小相同的正五边形排成环状（右图中只画出了 3 个正五边形），共需要多少个正五边形？（2009 年北京市"数学解题能力

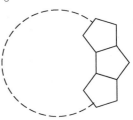

展示"读者评选活动初试题）

解法一：如下图所示，正五边形的每个内角的度数为

$$180° \times (5-2) \div 5 = 108°$$

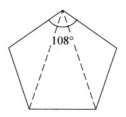

如下图所示，相邻两个正五边形构成了内部正多边形的一个内角，其度数为

$$360° - 108° \times 2 = 144°$$

如下图所示，该内角所对应的外角的度数为

$$180° - 144° = 36°$$

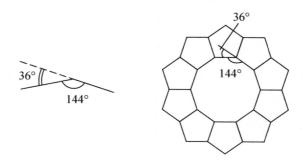

因此，题目所求的正五边形的个数为

$$360° \div 36° = 10（个）$$

解法二：如右图所示，设围成环状时所需的正五边形的个数为 n。根据多边形内角和定理，可得

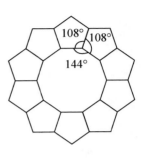

$$360° - 108° \times 2 = 144°$$

$$144° \times n = 180° \times (n-2)$$

$$n = 10$$

【**例 6**】　如下图所示，在直角三角形 ABC 中，已知 $AC = CD$，$AB = BE$，求 $\angle EAD$。

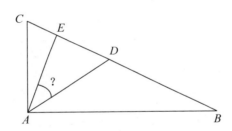

解：为了方便计算，我们在下图中对相关的角进行标注。

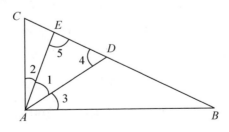

由于

$$\angle 4 = \angle 1 + \angle 2（因为 AC = CD）$$

$$\angle 5 = \angle 1 + \angle 3（因为 AB = BE）$$

又因	$\angle 1 + \angle 4 + \angle 5 = 180°$（三角形内角和定理）
故	$\angle 1 + (\angle 1 + \angle 2) + (\angle 1 + \angle 3) = 180°$（等量代换）
即	$2\angle 1 + (\angle 1 + \angle 2 + \angle 3) = 180°$
又因	$\angle 1 + \angle 2 + \angle 3 = 90°$（已知）
故	$2\angle 1 + 90° = 180°$（等量代换）
因此	$2\angle 1 = 90°$，$\angle 1 = 45°$
得	$\angle EAD = 45°$

【例7】 右图所示是筝形和镖形两种不同的地砖，下图是用这两种不同的地砖铺设而成的图案。请仔细观察这个美丽的图案，然后回答筝形砖的4个内角各是多少度。

筝形　　　镖形

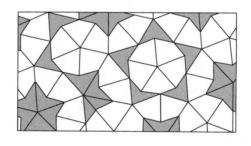

解：由上图可见，5个筝形拼成了一个正十边形（见下图）。所以

$$\alpha = (10 - 2) \times 180° \div 10 = 144°$$

由 $5\beta = 360°$，可得

$$\beta = 72°$$

又知筝形是个四边形，故它的内角和是360°。又因 $\delta = \gamma$，所以

$$\delta = \gamma = (360° - 144° - 72°) \div 2 = 72°$$

因此，筝形的4个内角为

$$\alpha=144°, \quad \beta=\delta=\gamma=72°$$

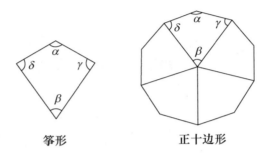

筝形 　　　　　　　　正十边形

【例8】 如下图所示，多边形 $ABCDEFGH$ 是一个正八边形，那么 $\angle HBC$ 为多少度？

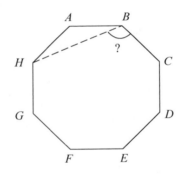

解：
$$\angle A=180°\times(8-2)\div8=135°$$
$$\angle ABH=(180°-135°)\div2=22.5°$$
由于 $\angle ABC=\angle A$，所以
$$\angle HBC=\angle ABC-\angle ABH$$
$$=135°-22.5°$$
$$=112.5°$$

【例9】 如下图所示，D 为 △ABC 中的一点，x、y、z、w 是相应角的度数，怎样用 y、z、w 表示∠A 的度数 x？

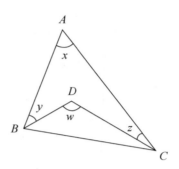

解：如右图所示，连接 AD 并延长。由三角形的一个外角等于与其不相邻的两个内角之和可得

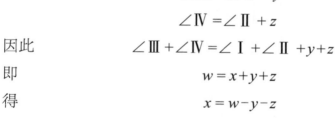

$$\angle \text{III} = \angle \text{I} + y$$
$$\angle \text{IV} = \angle \text{II} + z$$

因此　　　　　$$\angle \text{III} + \angle \text{IV} = \angle \text{I} + \angle \text{II} + y + z$$
即　　　　　　$$w = x + y + z$$
得　　　　　　$$x = w - y - z$$

【例10】 如右图所示，线段 PS、QT 和 RU 相交于点 O。连接 PQ、RS、TU，形成 3 个三角形。求∠P+∠Q+∠R+∠S+∠T+∠U。

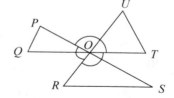

解：因为∠POT 是 △PQO 的一个外角，所以∠POT=∠P+∠Q。

又因为∠ROP 是 △RSO 的一个外角，所以∠ROP=∠R+∠S。

又因为∠ROT 是 △OTU 的一个外角，所以∠ROT=∠T+∠U。

（上述理由是三角形的一个外角等于与它不相邻的两个内角之和。）

由于∠POT+∠ROP+∠ROT=360°，所以∠P+∠Q+∠R+∠S+∠T+∠U=360°。

【例11】 如下图所示，求∠1+∠2+∠3+∠4+∠5+∠6。

解：   ∠1+∠2+α=180°

∠3+∠4+β=180°

∠5+∠6+γ=180°

根据对顶角相等，可知

α+β+γ=180°

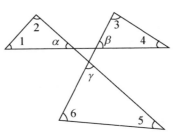

因此   ∠1+∠2+∠3+∠4+∠5+∠6+α+β+γ=180°×3

∠1+∠2+∠3+∠4+∠5+∠6+180°=180°×3

∠1+∠2+∠3+∠4+∠5+∠6=360°

【例12】 右图中标有角记号的9个角的和为多少度?

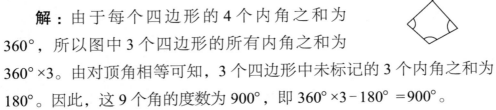

解： 由于每个四边形的4个内角之和为360°，所以图中3个四边形的所有内角之和为360°×3。由对顶角相等可知，3个四边形中未标记的3个内角之和为180°。因此，这9个角的度数为900°，即 360°×3−180°=900°。

【例13】 在右图中，∠A、∠B、∠C、∠D、∠E 和 ∠F 这6个角的度数之和是90°×n，那么 n 等于多少?

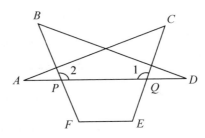

解：   ∠A+∠C+∠1=180°

∠B+∠D+∠2=180°

由四边形 EFPQ 的内角和为360°可得

∠E+∠F+(180°−∠2)+(180°−∠1)=360°

故   ∠A+∠B+∠C+∠D+∠E+∠F=360°

而 $360° = 90° \times 4$，得

$$n = 4$$

【例14】 右图是一个简单而又有趣的图形，求 $\angle 1 + \angle 2 + \angle 3 + \angle 4 + \angle 5 + \angle 6 + \angle 7$。

解：
$$\alpha + \angle 2 + \angle 3 + \angle 4 = 360°$$
$$\beta + \angle 5 + \angle 6 + \angle 7 = 360°$$
$$\angle 1 + (180° - \alpha) + (180 - \beta) = 180°$$

因此 $\angle 1 + \angle 2 + \angle 3 + \angle 4 + \angle 5 + \angle 6 + \angle 7 = 540°$

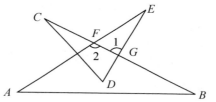

【例15】 仔细观察下图，求 $\angle A + \angle B + \angle C + \angle D + \angle E$。

解： 在 $\triangle CDG$ 中，有

$$\angle C + \angle D = \angle 1 \qquad ①$$

在 $\triangle EFG$ 中，有

$$\angle 1 + \angle E = \angle 2 \qquad ②$$

把式①代入式②，得

$$\angle C + \angle D + \angle E = \angle 2 \qquad ③$$

在 $\triangle ABF$ 中，有

$$\angle A + \angle B + \angle 2 = 180° \qquad ④$$

把式③代入式④，有

$$\angle A + \angle B + \angle C + \angle D + \angle E = 180°$$

【例16】 右图是一个五角星图形，求 $\angle A + \angle B + \angle C + \angle D + \angle E$。

解： 已知 $\angle 6$ 是 $\triangle FAC$ 的一个外角，则有

$$\angle 6 = \angle 1 + \angle 4$$

又因为 $\angle 7$ 是 $\triangle GBD$ 的一个外角，

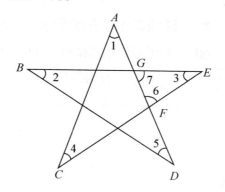

则有

$$\angle 7 = \angle 2 + \angle 5$$

由 $\angle 3 + \angle 6 + \angle 7 = 180°$，得

$$\angle 3 + (\angle 1 + \angle 4) + (\angle 2 + \angle 5) = 180°$$

即

$$\angle A + \angle B + \angle C + \angle D + \angle E = 180°$$

【例17】 在右图中，4个同样大小的小等边三角形组成一个大等边三角形。求证：阴影三角形是直角三角形。

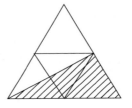

证法一：下图中的3个等边三角形的边长相等。

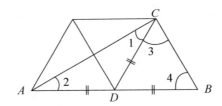

因为 $DA = DC$，所以 $\angle 1 = \angle 2$（等腰三角形的两个底角相等）。

因为 $DB = DC$，所以 $\angle 3 = \angle 4$（同上）。

因此，$\angle 1 + \angle 3 = \angle 2 + \angle 4$（等量加等量仍为等量），进而可得 $2(\angle 1 + \angle 3) = 180°$（三角形的3个内角之和为180°），即 $\angle 1 + \angle 3 = 90°$。

所以，$\angle ACB = 90°$，$\triangle ABC$ 是直角三角形。

证法二：如右图所示，$\angle ADC = 60° + 60° = 120°$，故知 $\angle ACD = (180° - 120°) \div 2 = 30°$，进而得 $\angle ACB = 30° + 60° = 90°$。所以，$\triangle ABC$ 是直角三角形。

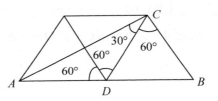

第 4 节　全等三角形的判定

如果两个图形经移动能够完全重合在一起，我们就说这两个图形全等。

把一个三角形移动到另一个三角形上时，若这两个三角形完全重合，我们就说二者是全等三角形。

如果我们把一张薄薄的透明纸覆盖在三角形 ABC 上，然后用铅笔照着下面的样子将它描下来，在相应的地方标上字母 A'、B'、C'，我们就得到一对全等三角形，记作 $\triangle A'B'C' \cong \triangle ABC$。

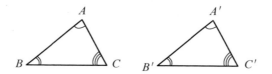

全等三角形的对应边相等，对应角相等，即 $A'B'=AB$，$A'C'=AC$，$B'C'=BC$；$\angle A'=\angle A$，$\angle B'=\angle B$，$\angle C'=\angle C$。

怎样判断两个三角形是不是全等呢？

我们不必每次都把一个三角形移动到另一个三角形上，也不用看它们的 3 条边和 3 个角是不是都相等。事实上，2000 多年前，古希腊数学家就搞清楚了两个三角形全等的条件。

两个三角形符合下列条件之一时，它们就全等。

（1）对应的两条边及其夹角相等（简称边角边）。

（2）对应的两个角及其夹边相等（简称角边角）。

（3）3 条边对应相等（简称边边边）。

【例1】已知线段 AB 及其垂直平分线 l（即直线 $l \perp AB$，且 $AH=BH$），在 l 上取一点 P，连接 PA、PB。求证：$PA=PB$。

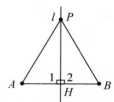

证明：在 $\triangle PAH$ 和 $\triangle PBH$ 中，$\angle 1 = \angle 2$（皆为直角），$AH=BH$（已知），$PH=PH$（公共边），所以 $\triangle PAH \cong \triangle PBH$（边角边），故 $PA=PB$。

【例2】已知 $\triangle ABC$ 的边 AC 和 AB 上分别有一个正方形 $ACDE$ 和 $ABGF$，连 BE 和 CF。求证：$\triangle ABE \cong \triangle AFC$。

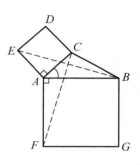

证明：在 $\triangle ABE$ 和 $\triangle AFC$ 中，$AE=AC$（正方形 $ACDE$ 的 4 条边相等），$AB=AF$（正方形 $ABGF$ 的 4 条边相等），$\angle EAB = \angle CAF$（皆为 $90° + \angle BAC$），所以 $\triangle ABE \cong \triangle ACF$（边角边）。

【例3】"将军饮马"问题。古罗马时期，亚历山大城有一位名叫海伦的将军，他比较喜欢数学。有一次，他要从营地 A 去往营地 B（如下图所示），但中途要让他的马去河边饮一次水。A、B 两个营地位于河流的同一侧。将军想，应该在河岸的哪里饮马，才能使从营地 A 去营地 B 的总路程最短呢？

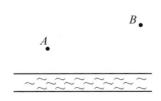

解：假设已找到点 P，能使 $AP+PB$ 最短，我们就会想到点 P

应在点 A 和其关于 l 的对称点 A' 的连线 AA' 的垂直平分线上（见下图）。作 $AH \perp l$，并在其延长线上取一点 A'，使 $HA' = HA$。连接 $A'B$ 交 l 于点 P，点 P 即为所求的点。这是因为 $A'P = AP$（例 1 已证），而 $A'P + PB$ 最短。不妨考虑取另外一点 P'（图中未画出），连接 $A'P'$。显然 $A'P' + P'B > A'P + PB = A'B$（三角形的两边之和大于第三边）。

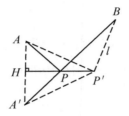

第 2 讲

论证与计算（二）

第 1 节　面积与周长
第 2 节　可视化与割补法
第 3 节　勾股定理初探
第 4 节　勾股定理的证明
第 5 节　《几何原本》有关命题解读
附　　录　几条重要的定理

第 1 节　面积与周长

一、相关公式

平面图形的面积就是指它围出的那片区域的大小，平面图形的周长是它的周围的线的总长度。

右图是边长为 1 厘米的单位正方形，它的面积为 1×1=1（平方厘米），周长为 4×1=4（厘米）。

1. 正方形

边长 =3 厘米

面积 = 边长 × 边长 =3×3=9（平方厘米）

周长 =4× 边长 =4×3=12（厘米）

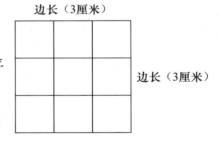

2. 长方形

长 =3 厘米

宽 =2 厘米

面积 = 长 × 宽 =3×2=6（平方厘米）

周长 =（长 + 宽）×2=（3+2）×2 =10（厘米）

3. 平行四边形

通过割补法，可将平行四边形变为等面积的长方形。

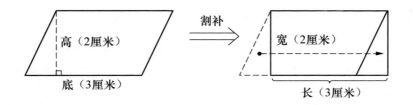

面积 = 底 × 高 =3×2=6（平方厘米）

4. 三角形

可将三角形看成平行四边形的一半。

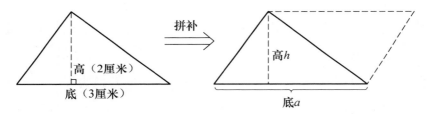

面积 =（底 × 高）÷2= $\frac{1}{2}ah$ =3×2÷2=3（平方厘米）

5. 梯形

梯形可经割补变成三角形或经拼补变成平行四边形。

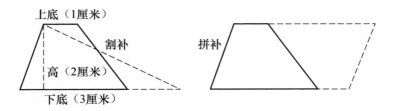

面积 =（上底 + 下底）× 高 ÷2 =（1+3）×2÷2=4（平方厘米）

二、面积的故事

　　谷超豪（1926—2012）是我国著名的数学家。在他上初中一年级的时候，有一次老师在课堂上问大家："四边都是一寸的图形的面积是不是 1 平方寸呢？"同学们都说是。可是，他想到用 4 根火柴可以拼成一个正方形，也可以拼成一个很扁很扁的菱形，而后者的面积很小。他大胆地站起来表达了自己的意见，并在老师的帮助下说服了班上的同学。对这个问题的思考使他体会到了数学真是一门精确的学问。

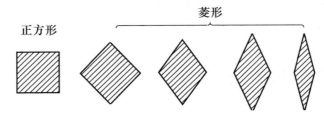

从这时开始，他非常重视数学课上的习题，每天的作业都要当天完成，对于一些较难的题目也总是坚持独立思考。当做完一道难题时，他就会感到十分轻松愉快，学习数学的热情也越来越大了。

日本著名数学家、菲尔兹奖得主广中平祐（1931—）在所著的《数学与创造》一书中说数学中有很多有趣的例子并讲了一个有趣的故事。据说在很久很久以前，埃及有土地掮客，他们玩一些几何小把戏，赚了大钱。一个把戏是这样的：他们告诉别人，如果两块土地的周长是一样的，那么这两块土地的面积就一样大。

他们把一块块土地的边缘切分得弯弯曲曲，这样周长很大，面积却很小。然后，他们跟别人交换土地。

今天，自然不会有人上这种当，因为每个人都晓得周长是一维的东西，面积是二维的东西。但是在公元前 16 世纪，还有人郑重其事地著书立说，叫大家不要让几何骗了。

三、有趣的问题

现有一块正方形的月饼，月饼上只画着一条对角线，如右图所示。在对角线上找一点，然后从这里横竖各切一刀，把月饼切成 4 小块。因为找不准中心点，下刀后切下来的 4 块月饼大小不一，对角线上的两块都是正方形，其中最大的一块是边长为 a 的正方形，而最小的一块是边长为 b 的正方形，其余两块是大小相等的长方形。

现在要把月饼分给你和朋友二人，允许每人挑选两块，但要遵守公平原则。再假定允许你先拿，那么你要两块大小不等的正方形月饼，还是拿两块一样大的长方形月饼呢？[1]

解：因为 a、b 皆为正数，且 $a > b$，显然两个长方形的面积相等，都是 ab。所以，先拿者不能拿一大块大正方形月饼（a^2）和一块长方形月饼（ab），而只能拿两块正方形月饼（a^2+b^2）或两块长方形月饼（$2ab$）。究竟该拿哪两块才会多得一些月饼呢？这时数学知识就有用了！

因为 $(a-b)^2=a^2+b^2-2ab > 0$，即 $a^2+b^2 > 2ab$，所以应该拿两块正方形月饼。

四、探讨周长和面积的关系

如下图所示，已知长方形的周长为 20 厘米，长和宽都是整厘米数，这个长方形有多少种可能的形状？哪种形状的长方形面积最大？

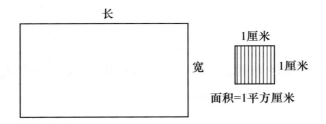

解：由于长方形的周长是 20 厘米，可知它的长与宽之和为 10 厘米。

[1] 摘自张景中、任宏硕所著的《漫话数学》。

下面列举出符合这个条件的各种长方形。

长（厘米）	9	8	7	6	5
宽（厘米）	1	2	3	4	5

注意，正方形可以说是长与宽相等的长方形。

下面把这5种长方形按实际尺寸——画出来，见下图。

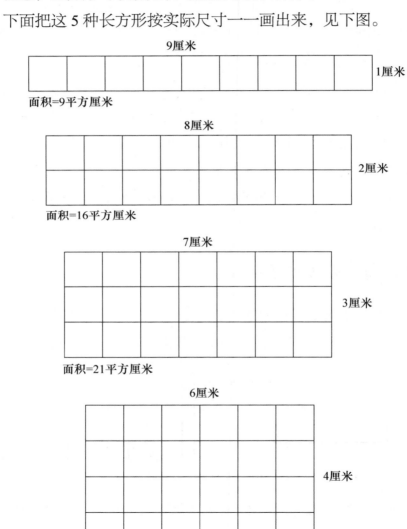

9厘米

1厘米

面积=9平方厘米

8厘米

2厘米

面积=16平方厘米

7厘米

3厘米

面积=21平方厘米

6厘米

4厘米

面积=24平方厘米

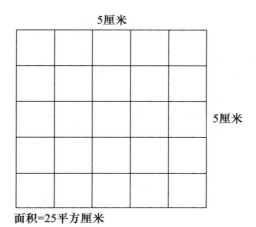

5厘米

5厘米

面积=25平方厘米

因此，在这 5 种形状中，正方形的面积最大。

猜想：对于边长为整数的情况，当周长一定时，围成的正方形或最接近正方形的长方形的面积最大。

五、典型例题讲解

【**例 1**】 计算下列各图的周长。

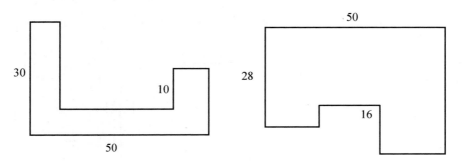

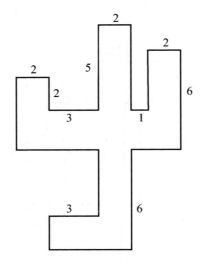

解 :

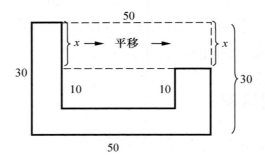

周长 $=(50+30+10)\times2=180$

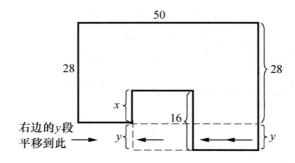

周长 $=(50+28+16)\times2=188$ (注 : $x+y=16$)

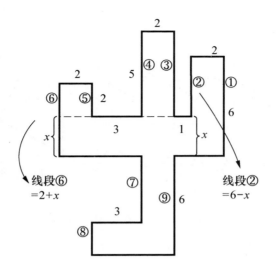

$$竖向线段的长度之和 = \overset{①}{6} + \overset{②}{(6-x)} + \overset{③\,④\,⑤}{5+5+2} + \overset{⑥}{(2+x)} + \overset{⑦+⑧⑨}{6+6} = 38$$

$$横向线段的长度之和 = (2+1+2+3+2) \times 2 + 3 \times 2 = 26$$

$$周长 = 38 + 26 = 64$$

【例2】 下图由4个相同的长方形部分重叠而成，后一个长方形的一个顶点正好是前一个长方形的中心点。求这个图形的周长。

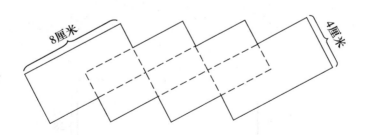

解法一：

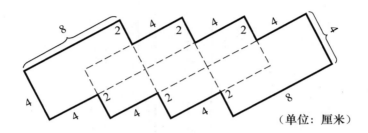

（单位：厘米）

$$8 \times 2 + 4 \times 8 + 2 \times 6 = 60 \text{（厘米）}$$

解法二：

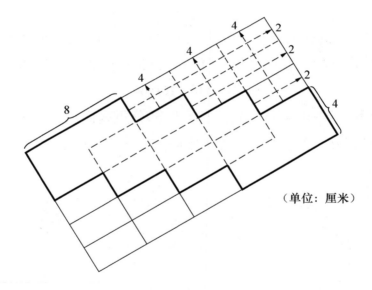

（单位：厘米）

$$（\ 长\ +\ 宽\ ）\times 2 = 周长$$

$$(\overbrace{8+4 \times 3} + \overbrace{4+2 \times 3}) \times 2 = (20+10) \times 2 = 60 \text{（厘米）}$$

解法三：

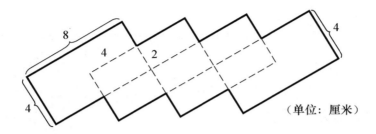

（单位：厘米）

$(8+4) \times 2 \times 4 - (4+2) \times 2 \times 3 = 96 - 36 = 60$（厘米）

4 个大长方形的周长 −3 个小长方形的周长 = 该图形的周长

【例 3】　如右图所示，已知其中 4 条线段的
长度分别为 10 毫米、12 毫米、14 毫米和 15 毫米，
那么还需要知道几条线段的长度才可以求出整个
图形的周长。（图中各角皆为直角。）

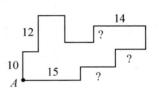

解：对此题求周长，可想象一个人从点 A 出发，按顺时针方向沿
着图形的各边走一周又回到点 A。如此，他向上走的总路程等于向下
走的总路程，向左和向右走的总路程也相等。

所以，周长 =（向上走的总路程 + 向右走的总路程）×2。

向上走的路程有 3 段，其中一段的长度未知（向下走的 4 段路程
的长度都未知），向左走的 3 段路程中有两段的长度未知（向右走的 4
段路程中有 3 段的长度未知）。可见，若知
道这 3 段的长度，即可算出该图的周长。

【例 4】　游乐场中有一个长方形花坛，
它的一面靠墙（如右图所示），其余三面是
用总长度为 24 米的篱笆围起来的。

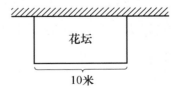

（1）这个花坛的面积是多少？

（2）如果想让花坛的面积最大，而篱笆的总长度保持不变，则其

长可以改为多少米? 此时花坛的面积是多少?（边长取整米数。）

解 :（1）花坛的宽为

$$(24-10) \div 2 = 7（米）$$

花坛的面积为

$$10 \times 7 = 70（平方米）$$

（2）尝试采用枚举法。

篱笆的总长度（米）= 长（米）+ 宽（米）×2

$$24 = 8 + 2 \times 8$$

$$24 = 10 + 2 \times 7$$

$$24 = 12 + 2 \times 6$$

$$24 = 14 + 2 \times 5$$

......

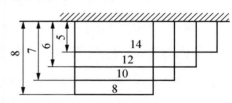

长（米）× 宽（米）= 面积（平方米）

$$8 \times 8 = 64$$

$$10 \times 7 = 70$$

$$12 \times 6 = 72（最大）$$

$$14 \times 5 = 70$$

......

可见, 当花坛的长为 12 米、宽为 6 米时, 它的面积最大（72 平方米）。

【例 5】 下图是由 9 个等边三角形拼成的六边形。已知中间最小的等边三角形的边长是 1, 那么这个六边形的周长是多少?（第七届"华杯赛"初赛题）

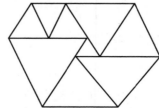

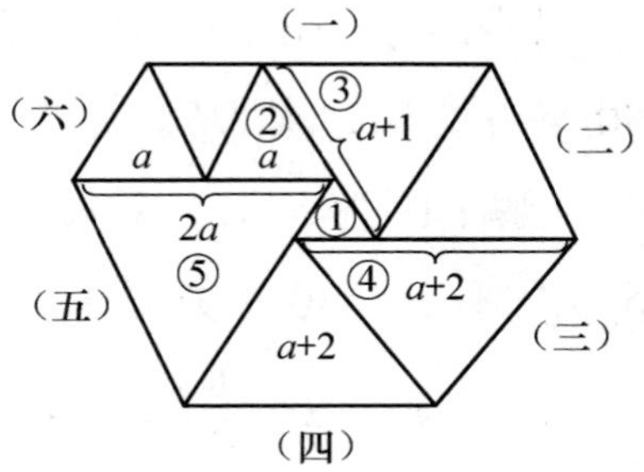

解：已知图中所有的三角形都是等

边三角形。经仔细观察，可知

①最小者的边长为 1 ；

②设次小者的边长为 a ；

③第三小者的边长为 $a+1$ ；

④次大者的边长为 $a+2$ ；

⑤最大者的边长为 $2a$ 。

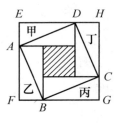

观察最大者和次大者的边长，可知 $2a-1=a+2$ ，得 $a=3$ 。

因此，六边形的周长为

$$\overset{（一）}{a}+\overset{（二）}{(a+1)}+\overset{（三）}{(a+1)}+\overset{（四）}{(a+2)}+\overset{（五）}{(a+2)}+\overset{（六）}{2a}+a$$

$$=8a+6=8\times3+6=30$$

【例 6】 如右图所示，甲、乙、丙、丁 4 个长方

形围成了大正方形 $EFGH$ ，中间的阴影部分为小正方

形。已知甲、乙、丙、丁的面积之和是 32 平方厘米，

而由它们的对角线构成的四边形 $ABCD$ 的面积是 20

平方厘米，求大正方形 $EFGH$ 的面积和周长。

解：用字母 S 代表面积，如大正方形的面积为 S_{EFGH}。

对角线将每个长方形分为完全相同的两个三角形，因此

$$S_{ABCD}=S_{阴影}+\frac{1}{2}(S_甲+S_乙+S_丙+S_丁)$$

即

$$20=S_{阴影}+\frac{1}{2}\times32$$

得

$$S_{阴影}=20-16=4（平方厘米）$$

故大正方形的面积为

$$S_{EFGH}=32+4=36（平方厘米）$$

它的边长为 6 厘米，周长为 $4\times6=24$（厘米）。

【例7】 在下图中，$BC=15$ 厘米，$CD=8$ 厘米，$S_{\triangle ABF}$ 比 $S_{\triangle DEF}$ 大 30 平方厘米，求 DE。

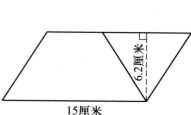

解：因为 $S_{\triangle ABF}-S_{\triangle DEF}=30$ 平方厘米，所以

$S_{ABCD}-S_{\triangle BCE}=30$ 平方厘米，则有

$$15\times8-\frac{1}{2}\left[15\times(8+DE)\right]=30（平方厘米）$$

$$15\times8-30=\frac{1}{2}\left[15\times(8+DE)\right]$$

所以 $DE=4$ 厘米。

【例8】 如右图所示，平行四边形被分成了一个梯形和一个三角形。已知二者的面积之差为 18.6 平方厘米，求梯形的上底。

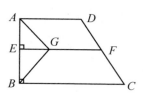

15厘米

解：$S_{平行四边形}=15\times6.2=93（平方厘米）$

$$S_{梯形}=(93+18.6)\div2=55.8（平方厘米）$$

又因为 $S_{梯形}=（上底+15)\times6.2\div2$

即 $55.8=（上底+15)\times6.2\div2$

所以   上底 $=3$ 厘米

【例9】 在右图中，梯形 $ABCD$ 的中位线 EF 为 15 厘米，$\angle ABC$ 和 $\angle AEF$ 都是直角，G 是 EF 上的一点。如果 $\triangle ABG$ 的面积是梯形 $ABCD$ 的面积的 $\frac{1}{5}$，求 EG。（注：中位线 EF 是 AB、DC 的中点的连线。）

解：梯形面积 $=\frac{1}{2}（上底+下底)\times高=中位线长\times高$

所以 $S_{梯形}=EF\times AB$

而 $S_{\triangle ABG}=\frac{1}{2}EG\times AB$

所以 $$\dfrac{S_{\triangle ABG}}{S_{梯形}}=\dfrac{\dfrac{1}{2}\times EG\times AB}{EF\times AB}=\dfrac{1}{5}$$

所以 $$EG=2\times\dfrac{1}{5}\times EF=2\times\dfrac{1}{5}\times15=6（厘米）$$

【例 10】 如下图所示，9 个完全相同的小长方形组成了一个大长方形，其面积为 45 平方厘米，求大长方形的周长为多少厘米。

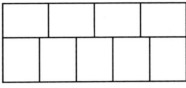

解：经观察图形可知，小长方形的长的 4 倍等于宽的 5 倍，即宽 $=\dfrac{4}{5}$ 长。由大长方形的面积为 45 平方厘米可得，小长方形的面积为 $45\div9=5$（平方厘米）。由此可知，对于小长方形有：长 $\times\dfrac{4}{5}$ 长 $=5$，长 $\times$ 长 $=\dfrac{25}{4}=\left(\dfrac{5}{2}\right)^2$。所以，长 $=\dfrac{5}{2}=2.5$（厘米），宽 $=2$（厘米），进而求得大长方形的周长为 $(4\times2.5+2+2.5)\times2=14.5\times2=29$（厘米）。

【例 11】 如右图所示，两个正方形的边长分别为 8 厘米和 4 厘米，那么阴影部分的面积是多少？

解法一：阴影部分的面积等于两个正方形的面积减去两个空白三角形的面积，即 $S_{阴影}=$
$(8^2+4^2)-\dfrac{1}{2}\times8\times8-\dfrac{1}{2}\times4\times(4+8)=80-32-24=24$（平方厘米）。

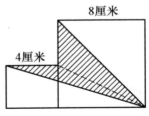

解法二：连接虚线，如上图所示。

$$S_{阴影}=\dfrac{1}{2}\times4\times4+\dfrac{1}{2}\times4\times8=24（平方厘米）$$

【例 12】 如右图所示，$AF=12$，$BE=8$，$ED=10$，$CF=6$，且 BE 和 CF 垂直于 AD。求四边形 $ABCD$ 的面积。

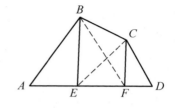

解： 连 BF、CE。

$\triangle BCE$ 和 $\triangle BFE$ 同底等高，所以二者的面积相等。

$$
\begin{aligned}
S_{ABCD} &= S_{\triangle ABE} + S_{\triangle BCE} + S_{\triangle CED} \\
&= S_{\triangle ABE} + S_{\triangle BFE} + S_{\triangle CED} \\
&= S_{\triangle ABF} + S_{\triangle CED} \\
&= \frac{1}{2} \times 12 \times 8 + \frac{1}{2} \times 10 \times 6 \\
&= 78（平方厘米）
\end{aligned}
$$

【例 13】 如下图所示，四边形 $ABCD$ 为长方形，四边形 $CDEF$ 为平行四边形，那么下面 4 种说法中正确的是_____。

①甲的面积比乙的面积大。

②甲的面积比乙的面积小。

③只有当丙、丁两部分的面积相等时，甲、乙的面积才相等。

④甲、乙的面积总是相等，与丙、丁的面积的大小无关。

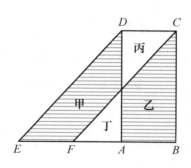

解法一： 正确的选项是④。

$S_{长方形} = 长 \times 宽$，$S_{平行四边形} = 底 \times 高$，这里的平行四边形的底等于长方形的宽，平行四边形的高等于长方形的长。甲是平行四边形减去丙，乙是长方形减去丙，所以甲、乙二者的面积相等（等量减等量，差相等）。

解法二： 因为图中甲的"下边"与乙的"下边"本来相等，二者都加上三角形丁后成为了两个全等的三角形，可见原来二者的面积是相等的。

【例 14】　如下图所示，长方形 $ABCD$ 内有一个正方形 $EFGH$。已知 $AF=8$ 厘米，$HC=6$ 厘米，求长方形的周长。

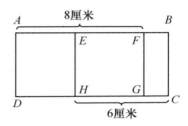

解：正方形的各边相等，长方形的对边相等。

我们看小长方形 $FGCB$，可知 $BC=FG=GH$，$FB=CG$，所以 $FB+BC=CG+GH=HC=6$（厘米），进而求得 $(AF+FB)+BC=8+6=14$（厘米），故长方形的周长为 $14×2=28$（厘米）。

【例 15】　如下图所示，有大小两个正方形，它们的 4 条边之间的距离是 1 厘米，周边阴影部分的总面积为 28 平方厘米，求大正方形的面积。

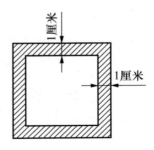

解：大正方形的边长为 $28÷4÷1+1=8$（厘米），它的面积为边长的平方，即 $8×8=64$（平方厘米）。

六、练习与提高

（1）如右图所示，"山"字形多边形的一些边长已标出，但有些边长未标出，你能否求整个图形的周长？（北京市第一届"迎春杯"试题）

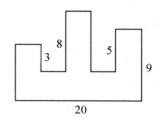

（2）如下图所示，一个正方形的面积是 324 平方厘米，它被划分成了 6 个相同的小长方形。求一个小长方形的周长是多少？

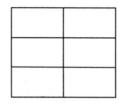

（3）用 6 个长为 6 厘米、宽为 4 厘米的长方形纸片，能摆成多少个不同的长方形？计算每个长方形的周长和面积。（注：正方形可视为长、宽相等的长方形。）

（4）如下图所示，6 个正方形叠在一起，连接点是正方形各边的中点。已知正方形的边长为 a，整个大图形的周长是多少？

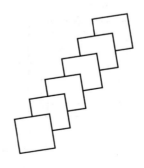

（5）右图为边长为 a 的等边三角形，请你用 6 个这样的小三角形拼出一个平行四边形和一个正六边形，并计算它们的周长。用 4 个这样的小三角形可否拼成一个周长是 $6a$ 的六边形？

（6）如下图所示，4 个同样的长方形和一个小正方形组成了一个大正方形，大、小正方形的面积分别是 36 平方厘米和 4 平方厘米，求长方形的长和宽。

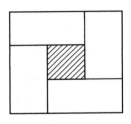

（7）如下图所示，在梯形 ABCD 中，上底 AB 为 24 厘米，高为 20 厘米，E 为 AB 上的任一点。①求阴影部分的面积。②若下底 CD 比上底 AB 大 6 厘米，求梯形的面积。

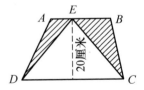

（8）在下图中，AF=2FB，FD=2EF，直角三角形 ABC 的面积是 36 平方厘米，求平行四边形 EBCD 的面积。

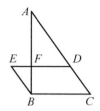

（9）正方形客厅的边长为 12 米，若正中铺一块正方形的纯毛地毯，外围铺化纤地毯，共需费用 2245 元。已知纯毛地毯的价格为每平方米 250 元，化纤地毯的价格为每平方米 35 元，请求出铺在外围的化纤地毯的宽是多少米。

习题答案

（1）80。

（2）30 厘米

（3）略。

（4）14a。

（5）略。

（6）长为 4 厘米，宽为 2 厘米。

（7）① 240 平方厘米；② 540 平方厘米。

（8）24 平方厘米。

（9）1.5 米。

第 2 节　可视化与割补法

这里说的可视化割补法源自我国著名数学家吴文俊（1919—2017）说的"出入相补原理"。他说："我国古代几何学不仅有悠久的历史、丰富的内容和重大的成就，而且有一个具有我国自己独特风格的体系，这和西方的欧几里得体系不同。"

所谓"出入相补原理"，用现代语言来说，就是指这样的明显事实：一个平面图形从一处移至另一处，其面积不变；若把图形分割成若干块，那么各部分的面积之和等于原来图形的面积，因而图形移动前后诸部分面积的和、差有简单的相等关系。

吴文俊先生还说，利用这一原理，容易得出三角形的面积等于高与底乘积的一半这个常用的公式。

一、可视化点子图及其代数式

如果一个儿童能用一种非言语的方式（如画图、做模型、玩游戏等）得到一个发现，然后把他的那些探索活动用言语表达出来，那么他实际上就是在对创造性过程进行练习。这种通过发现进行的学习更能锻炼儿童的创造能力。他们不仅能得到新的概念公式，而且能获得一种直觉的理解。

【例】　计算右图中的总点数，引出两数和平方公式。

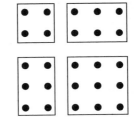

分析：一方面，我们把这个图看成 5 行 5 列的点阵图，因而可以写出以下算式。

$$总点数 =(2+3) \times (2+3)$$

另一方面，我们把这个图看成由两个大小不等的正方形和两个同样的长方形组成，因而可以写出以下算式。

$$总点数 =2 \times 2+2 \times 2 \times 3+3 \times 3$$

则　　　　　　　$$(2+3) \times (2+3)=2 \times 2+2 \times 2 \times 3+3 \times 3$$

即　　　　　　　　　$$(2+3)^2=2^2+2 \times 2 \times 3+3^2$$

如右图所示，把点阵图缩小时，则有

$$(1+2)^2=1^2+2 \times 1 \times 2+2^2$$

如下图所示，把点阵图扩大时，则有

$$(3+4)^2=3^2+2 \times 3 \times 4+4^2$$

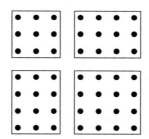

进一步可得两数和平方公式。用字母代替具体的数，可以写出两数和平方公式的一般形式：

$$(a+b) \times (a+b)=a \times a+2 \times a \times b+b \times b$$

即　　　　　　　　　$$(a+b)^2=a^2+2ab+b^2$$

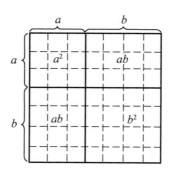

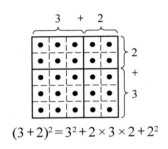

$$(3+2)^2 = 3^2 + 2 \times 3 \times 2 + 2^2$$

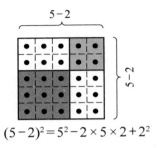

$$(5-2)^2 = 5^2 - 2 \times 5 \times 2 + 2^2$$

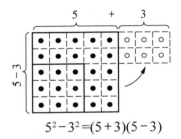

$$5^2 - 3^2 = (5+3)(5-3)$$

二、可视化：五大几何代数公式

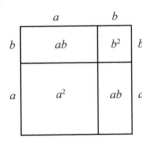

两数和平方公式：

$$(a+b)^2 = a^2 + 2ab + b^2$$

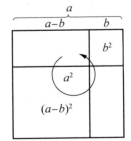

两数差平方公式：

$$(a-b)^2 = a^2 - 2ab + b^2$$

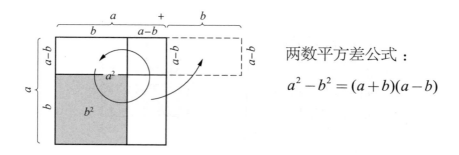

两数平方差公式：

$$a^2 - b^2 = (a+b)(a-b)$$

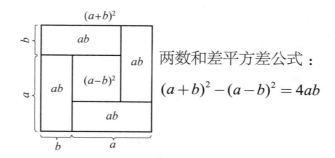

两数和差平方差公式：

$$(a+b)^2 - (a-b)^2 = 4ab$$

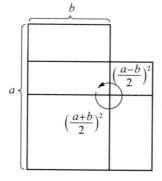

两数积半和差平方差公式：

两数积 =（半和）^{2}-（半差）^{2}

$$ab = \left(\frac{a+b}{2}\right)^2 - \left(\frac{a-b}{2}\right)^2$$

三、发现一元二次方程的新解法

前面给出了两数积半和差平方差公式，即两数积等于半和平方减半差平方，可用符号表示为

$$ab=\left(\frac{a+b}{2}\right)^2-\left(\frac{a-b}{2}\right)^2$$

解一元二次方程的新方法如下。

第一步：提出 x 后出现两数积形式。

第二步：利用两数积半和差平方差公式进行计算。

$$x^2+px+q=0$$

①提出 x 后出现两数积。

$$x(x+p)+q=0$$

②利用两数积半和差平方差公式。

$$\left(x+\frac{p}{2}\right)^2-\left(\frac{p}{2}\right)^2+q=0$$

$$x=-\frac{p}{2}\pm\sqrt{\left(\frac{p}{2}\right)^2-q}$$

下面看两个例子。

【例 1】　解方程 $x^2+10x-39=0$。

解：
$$x(x+10)=39$$
$$(x+5)^2-5^2=39$$
$$(x+5)^2=64$$
$$x+5=\pm8$$
$$x=-5\pm8$$
$$\begin{cases}x_1=3\\x_2=-13\end{cases}$$

【例 2】　解方程 $x^2-10x-72=0$。

解：
$$x(x-10)-72=0$$
$$(x-5)^2-5^2-72=0$$
$$(x-5)^2=97$$
$$x=5\pm\sqrt{97}$$

四、圆的周长和面积

周长：$C = \pi d = 2\pi r$。

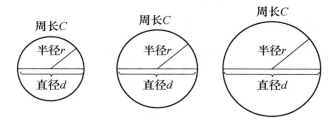

"周三径一"是我国古代数学书中的词语。这里的"周"是指圆的周长，"径"是指圆的直径。也就是说，当一个圆的周长是 3 的时候，那么它的直径就是 1。今天，我们知道这种说法是不大准确的。但是，我们也应当佩服我们的祖先那时候就知道，不论大小，圆的周长总是直径的 3 倍。这是很了不起的认识，即使今天的人们也不知道圆的周长与直径的准确倍数（叫圆周率，用 π 表示）。我国古代数学家祖冲之（429—500）曾把这个倍数算到 3.1415926 和 3.1415927 之间。我们现在一般取 $\pi \approx 3.14$。实际上，人们永远也不会知道 π 的确切值。

面积：$S = \pi r^2$。

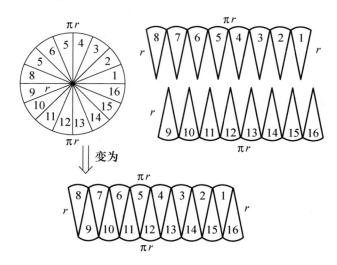

当分割的份数无限多时，拼出来的长方形的面积就等于圆的面积，即 $S = \pi r^2$。

　　【例 1】 右图是由正方形和半圆形组成的，其中点 P 为半圆周的中点，点 Q 为正方形的一条边的中点，求阴影部分的面积。

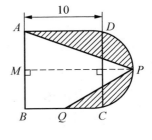

　　解： $S_{阴影} = S_{正方形\,ABCD} + S_{半圆} - S_{四边形\,ABQP}$

$$S_{正方形\,ABCD} = 10 \times 10 = 100$$

$$S_{半圆} = \frac{1}{2}\pi r^2 \approx \frac{1}{2} \times 3.14 \times 5^2 = 39.25$$

下面求 $S_{四边形\,ABQP}$。

右图中三角形的面积为

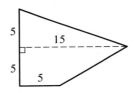

$$\begin{aligned} S_\triangle &= \frac{1}{2} \times 底 \times 高 \\ &= \frac{1}{2} \times 5 \times 15 \\ &= 37.5 \end{aligned}$$

梯形的面积为

$$\begin{aligned} S_{梯形} &= \frac{1}{2}(上底 + 下底) \times 高 \\ &= \frac{1}{2} \times (5 + 15) \times 5 \\ &= 50 \end{aligned}$$

所以，阴影部分的面积为

$$\begin{aligned} S_{阴影} &= 100 + 39.25 - (37.5 + 50) \\ &= (100 - 50) + (39.25 - 37.5) \\ &= 50 + 1.75 \\ &= 51.75 \end{aligned}$$

【例2】 求右图中阴影部分的面积。

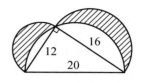

解：$S_{阴影} = \frac{1}{2}S_{r=6} + \frac{1}{2}S_{r=8} + S_{\triangle} - \frac{1}{2}S_{r=10}$

$S_{r=6} + S_{r=8} - S_{r=10} = 3.14 \times (6^2 + 8^2 - 10^2)$

$= 3.14 \times (36 + 64 - 100) = 0$

$S_{阴影} = S_{\triangle} = \frac{1}{2} \times 12 \times 16 = 96$

知识拓展：古希腊数学家希波克拉底（约前470—约前410）证明了下图中的新月形与等腰直角三角形的面积相等。他的证明方法如下。

$$S_{半圆AEC} = \frac{1}{2}S_{半圆ACB} = S_{扇形AFCO}$$

$$S_{半圆AEC}、S_{扇形AFCO} \text{都减去} S_{空白AFCD}，$$

则有

$$S_{新月形AECF} = S_{\triangle ACO}$$

在数学史上，这是一项伟大的发现。

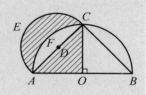

【例3】 下面的左图是一个直径为3厘米的半圆，AB 是它的直径。让点 A 保持不动，把整个半圆沿逆时针方向转 $60°$，此时点 B 移动到点 B'（见右图），那么图中阴影部分的面积是多少平方厘米？

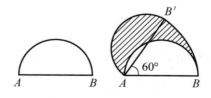

解：在旋转过程中，半圆的大小和形状是不变的，所以直径 AB 扫过（即增加）的面积就等于 $60°$ 扇形的面积，旋转停止后形成的图形的面积就是阴影部分与半圆的面积之和。所以，可得

$$S_{阴影} = \frac{60°}{360°} \times \pi \times AB^2$$

$$\approx \frac{1}{6} \times 3.14 \times 3^2$$

$$\approx 4.71（平方厘米）$$

【例4】　求右图中阴影部分的面积。

解：观察左边正方形中的阴影部分与右边正方 形的空白部分，然后将左边的阴影部分移到右边的 空白部分，从而形成一个长方形，其面积为

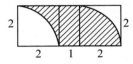

$$S_{阴影} = (1+2) \times 2 = 6$$

【例5】　求右图中阴影部分的面积。

解法一：此图可视为由两个 4×4 的正方形重 叠形成。连接两个正方形的对角线后，发现阴影部 分所示的弓形与空白部分的弓形的大小和形状相 同，因此经割补后阴影部分可形成一个平行四边形， 其面积为

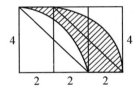

$$S_{阴影} = 2 \times 4 = 8$$

解法二：又可看出两个空白部分合起来可形成一个 4×4 正方形， 所以阴影部分的面积为

$$S_{阴影} = S_{大长方形} - S_{正方形} = (2 \times 3) \times 4 - 4 \times 4 = 8$$

【例6】　如下图所示，等腰直角三角形的直角边为 2 厘米。求图 中阴影部分的面积。

解：经观察和分析可知，图中的阴影部分是 由两个圆心角为 $45°$ 的扇形重叠而成的，而两个扇 形的面积之和是

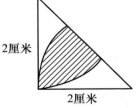

$$2S_{扇形} = 2 \times \pi \times 2^2 \times \frac{45°}{360°} = \pi（平方厘米）$$

所以，阴影部分面积为

$$S_{阴影}=2S_{扇形}-S_{\triangle}=\pi-\frac{1}{2}\times2\times2\approx3.14-2=1.14（平方厘米）$$

【例 7】 如右图所示，等腰三角形的腰为
8 厘米。以它的两腰为直径画两个半圆，那么
图中的阴影部分的面积是多少？

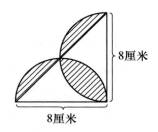

解：经观察和分析可知，两个半圆在等
腰三角形内部相互覆盖形成了纺锤形阴影区
域，故而图中阴影部分的面积之和为

$$S_{阴影}=\frac{1}{2}\pi r^2\times2-S_{\triangle}$$

$$\approx3.14\times4^2-\frac{1}{2}\times8\times8$$

$$=18.24（平方厘米）$$

【例 8】 如右图所示，正方形 $ABCD$ 的边长
为 a。以 AB、AD 为直径画两个半圆，求阴影部
分的面积。

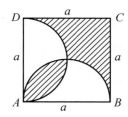

解：采用割补法。

连接对角线 AC 和 BD，可发现 AC 将纺锤形
阴影区域分成了两半，它们正好补上 BD 连线和两
段弧线所围成的两块空白区域，如右图所示。所以，
阴影部分就形成了一个等腰直角三角形，其面积为
$S_{阴影}=\frac{1}{2}a^2$。

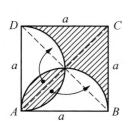

五、练习与提高

（1）解下列方程。

① $x^2+10x-39=0$

② $x^2+8x-48=0$

③ $x^2+6x-55=0$

④ $x^2+4x-60=0$

⑤ $x^2+2x-63=0$

⑥ $x^2-10x-24=0$

⑦ $x^2-8x-33=0$

⑧ $x^2-6x-40=0$

⑨ $x^2-4x-45=0$

⑩ $x^2-2x-48=0$

（2）如下图所示，大小两圆相交部分（阴影区域）的面积是大圆面积的 $\frac{4}{15}$，是小圆面积的 $\frac{3}{5}$，小圆的半径是 5 厘米。求大圆的半径。

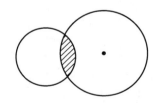

（3）如下图所示，等腰直角三角形的腰是 8 厘米。以它的两腰为直径分别画半圆，那么阴影部分的面积是多少？

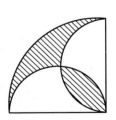

（4）下图是由腰为 10 厘米的等腰直角三角形、直径为 10 厘米的半圆和半径为 10 厘米的扇形构成的图形。求阴影部分的面积。

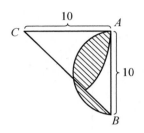

（5）下图中有 8 个半径为 1 厘米的小圆，它们的圆周的一部分连成了一个花瓣图形。图中的黑点是这些圆的圆心。花瓣图形的面积是多少？

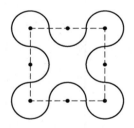

（6）下图中的正方形的边长是 2 米，4 个圆的半径都是 1 米，圆心分别是正方形的 4 个顶点。这个正方形和 4 个圆所盖住的区域的面积是多少平方米？

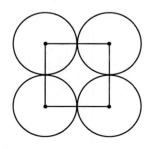

（7）下图中有两个红色的圆和两个蓝色的圆。两个红色的圆的直径分别是 1992 厘米和 1949 厘米，两个蓝色的圆的直径分别是 1990 厘米和 1951 厘米。是两个红色的圆的面积之和大还是两个蓝色的圆的面积之和大？

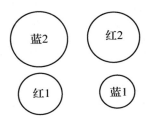

（8）已知下图中最大的正方形的面积是 22 平方厘米，那么阴影部分的面积是多少平方厘米？

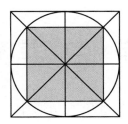

习题答案

（1）① $x_1=3$，$x_2=-13$。

② $x_1=4$，$x_2=-12$。

③ $x_1=5$，$x_2=-11$。

④ $x_1=6$，$x_2=-10$。

⑤ $x_1=7$，$x_2=-9$。

⑥ $x_1 = 12$，$x_2 = -2$。

⑦ $x_1 = 11$，$x_2 = -3$。

⑧ $x_1 = 10$，$x_2 = -4$。

⑨ $x_1 = 9$，$x_2 = -5$。

⑩ $x_1 = 8$，$x_2 = -6$。

（2）7.5 厘米。

（3）18.24 厘米。

（4）28.5 平方厘米。

（5）19.1416 平方厘米。

（6）13.42 平方米。

（7）两个红色的圆的面积之和大。

（8）11 平方厘米。

第3节　勾股定理初探

勾股定理的内容是：在直角三角形中，斜边的平方等于两条直角边的平方和。

一、"看"勾股定理

下面给出了勾股定理的 3 个经典图示，$c^2 = a^2 + b^2$ 均成立。

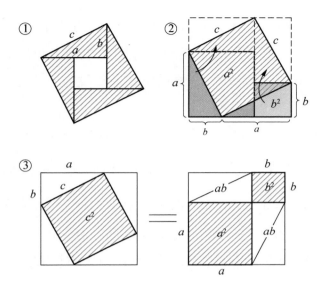

二、发现勾股定理

我们先通过用直角三角形摆正方形来发现勾股定理。

下述为最古老的一种发现勾股定理的精彩方法，出自我国古代数学家之手。首先剪出 4 个同样大小的直角三角形，不妨设它们的两条直角边及斜边的长度分别为 a、b、c，然后用它们围成一个边长为 $a+b$ 的大正方形，如下图所示。

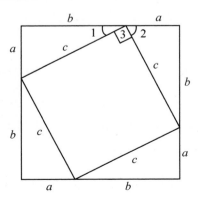

观察上图，不难看出，由于直角三角形的两个锐角之和为90°，所以当用4个小直角三角形围成一个外围的大正方形时，$\angle 3 = 180° - (\angle 1 + \angle 2) = 180° - 90° = 90°$，这就是说4条长度为$c$的边围成的图形是一个正方形。

再看上图，不难发现大正方形的面积为$S_{大} = (a+b)^2$，边长为c的小正方形的面积为$S_{小} = c^2$，每个小直角三角形的面积为$S_{\triangle} = \dfrac{1}{2}ab$，故有$S_{大} = S_{小} + 4S_{\triangle}$，即$(a+b)^2 = c^2 + 4 \times \dfrac{1}{2}ab$，因此$a^2 + b^2 = c^2$。

下面通过用长方形纸片摆正方形来发现勾股定理。

首先用纸板制作4个长、宽分别为a和b的长方形，在它们的上面画出一条对角线（用c表示），然后用这4个纸板拼出一个中空的大正方形，如下图所示。

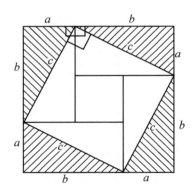

通过观察上图可知，由于每两个长方形相接处都形成两个直角，即180°，所以这4个长方形在外围形成边长为$a+b$的大正方形。又由于直角三角形的两个锐角之和为90°，所以4条对角线围成一个边长相等、4个角皆为直角的正方形，其边长为c。

再观察上图，可以发现从边长为$a+b$的大正方形的面积中减去4

个小阴影三角形的面积,剩余部分的面积就是边长为 c 的正方形的面积,即 $(a+b)^2-4\times\dfrac{1}{2}ab=c^2$。整理后得：$a^2+b^2=c^2$。

三、"画"勾股定理

先画出两个一样的大正方形，再在大正方形的每条边上取一个点，把其分为长短不同的两条线段。其中，较长的线段的长度等于给定的小直角三角形的长直角边（股）的长度 b，较短的线段的长度等于其短直角边（勾）的长度 a。把这些点连接起来，看看这些点能有几种不同的连接方式，我们感兴趣的是以下两种。

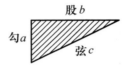

第一种连接方式形成了两个正方形和 4 小直角三角形。其中，两个正方形的边长分别为给定的小直角三角形的勾和股，4 个直角三角形的大小都与给定的小直角三角形相同，见下图。

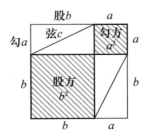

第二种连接方式得到了以给定的小直角三角形的斜边（弦）为边的正方形和 4 个直角三角形，见下图。

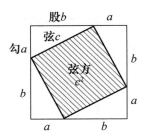

根据公理"等量减等量，其差相等"，我们就像前人那样"发现"了勾股定理。用最先画的两个大正方形的面积分别减去其内部的 4 个同样的小直角三角形，所剩部分的面积必然相等。显然，第一个图中所剩部分的面积是以小直角三角形的长直角边（股）为边的正方形的面积（股方）和以其短直角边（勾）为边的正方形的面积（勾方）之和，而第二个图中所剩部分的面积就是以小直角三角形的斜边（弦）为边的正方形的面积（弦方）。因此，可得

$$勾方 + 股方 = 弦方$$
$$a^2 + b^2 = c^2$$

四、典型例题讲解

"数学是关于模式和秩序的科学。"数学提供了有特色的思考方式，而应用数学思考方式的经验构成了数学能力，这在当今这个信息时代是非常重要的。

【例 1】 在右图所示的直角三角形 ABC 中，$\angle C = 90°$，$AC = 16$，$BC = 30$，求 AB。

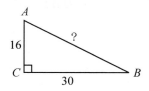

解：已知 $\triangle ABC$ 是直角三角形，则有

$$AB^2 = AC^2 + BC^2 = 16^2 + 30^2 = 1156$$

所以 $\qquad AB = 34$

【例 2】 在右图所示的直角三角形 ABC 中，$\angle A = 30°$，$\angle C = 90°$，$BC = 4$，求 AC。

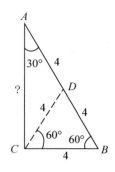

解： 由于 $\angle C = 90°$，故 $\angle B = 90° - 30° = 60°$。

作 CD 交 AB 于点 D，使 $\angle DCB = \angle B = 60°$。

进而可知 $\angle CDB = 60°$，$\triangle CDB$ 是等边三角形，因此 $BD = DC = BC = 4$。

又因 $\angle C$ 是直角，故 $\angle ACD = 90° - 60° = 30°$，所以 $\triangle ACD$ 是等腰三角形，$AD = DC = 4$。于是，$AB = AD + BD = 4 + 4 = 8$。

又因 $AC^2 = AB^2 - BC^2 = 8^2 - 4^2 = 48 \approx 6.9 \times 6.9$，所以 $AC \approx 6.9$。

【例 3】 一支长矛靠墙直立时，高于墙 1 米；若离墙 3 米斜靠于墙上，则恰与墙顶相平。矛长几何？

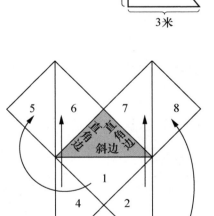

解： 设墙高为 x 米，则矛长为 $(x + 1)$ 米。

由勾股定理可知：$x^2 + 3^2 = (x + 1)^2$。

解得 $x = 4$ 米，则矛长为 5 米。

【例 4】 右图中间的阴影部分是一个等腰直角三角形，它的外围有 8 个同样大小的等腰直角三角形。请仔细地看一看，想一想，你有什么发现？

解： 我们经过观察有以下发现。

①下方的 4 个小等腰直角三角形组成了一个大正方形，它的边就是小等腰直角三角形的斜边。左上角和右上角的两个小等腰直角三角形分别组成了一个较小的正方形，它们的一条边就是小等腰直角三角形的一条直角边。

②由于8个小等腰直角三角形的大小一样，所以下方的大正方形的面积等于上方的两个小正方形的面积之和。

③也就是说等腰直角三角形的两条直角边的平方和等于斜边的平方。

这就是勾股定理的特例。

【例5】 用剪拼法证明勾股定理。

证明： 18世纪，英国业余数学家佩里哥尔发明了一种证明勾股定理的学具。他的具体做法如下。

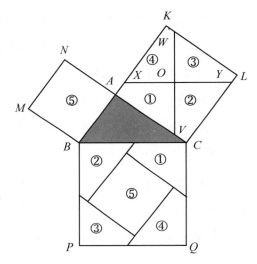

① 画一个直角三角形 ABC，$\angle A$ 为直角，BC 为斜边，并使 $AC > AB$，如右图所示。

②分别以直角三角形 ABC 的3条边为边作3个正方形。

③找出正方形 $ACLK$ 的中心，并用字母 O 表示。

④通过点 O 作线段 XY 平行于 BC，再作线段 VW 垂直于 XY，这样把正方形分成了4块。

⑤在分开的这4部分上标上编号并将其剪下来，然后把它们平移到斜边上的大正方形内相同编号所指示的位置。

⑥将左上角的小正方形⑤剪下来，发现恰好可以把它放在大正方形的中间。因此，$S_{\text{正方形}ABMN} + S_{\text{正方形}ACLK} = S_{\text{正方形}BCQP}$，即 $AB^2 + AC^2 = BC^2$。

【例6】 求证任何一个正方形都可以被剪成任意个数多于5的正方形。

证明： 我们按照下面的步骤进行证明。

①只要沿着一个正方形对边中点的连线，就可以把它剪成 4 个小正方形，如右图所示。

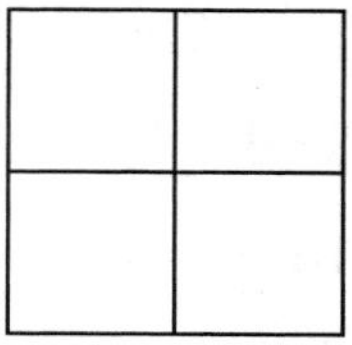

②把一个正方形剪成 5 个小正方形是办不到的（也画不出来）。

③6 是比 5 大的最小整数，我们经过尝试发现可以将一个正方形剪成 6 个小正方形，其中一大五小，如右图所示。

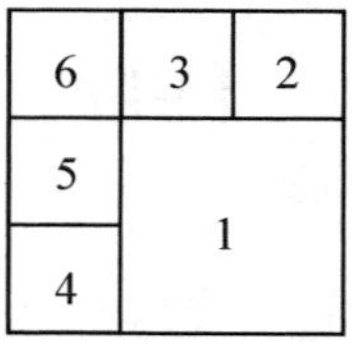

④将一个正方形剪成 7 个小正方形也是可以办到的，其中三大四小，如右图所示。

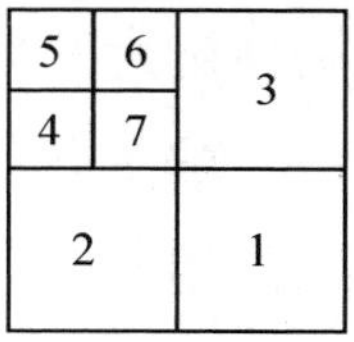

⑤将一个正方形剪成 8 个小正方形也是可以办到的，其中一大七小，如右图所示。

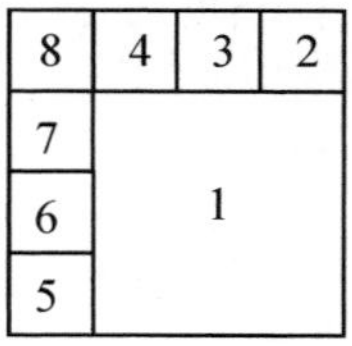

⑥由于任何一个正方形都可以被分割成 4 个小正方形，而且 6+3=9，7+3=10，8+3=11，所以将一个正方形剪成 9 个、10 个、11 个小正方形也是办得到的，如下图所示。

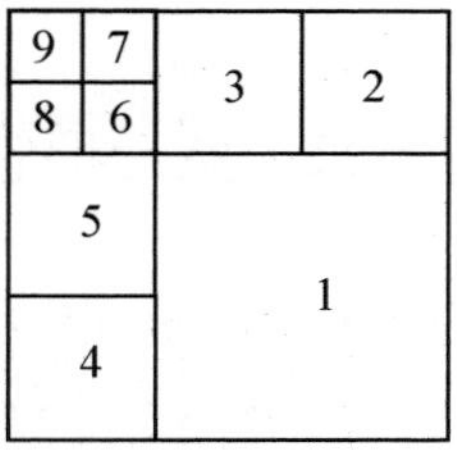

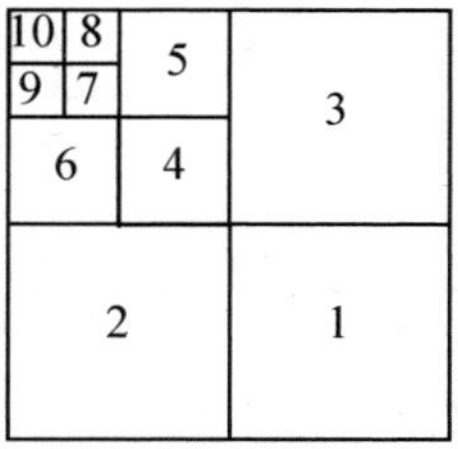

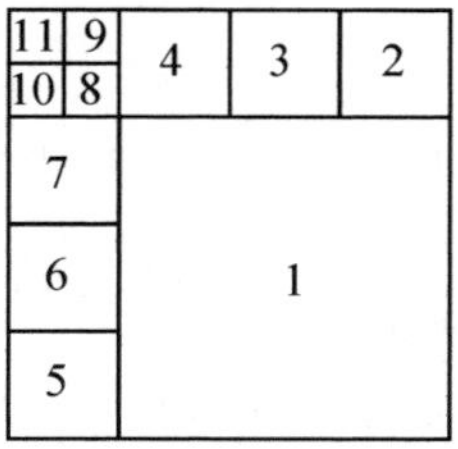

⑦同理，6+3×2=12，7+3×2=13，8+3×2=14，6+3×3=15，7+3×3=16，8+3×3=17，因此可以把一个正方形剪成 12 个、13 个、14 个、15 个、16 个、17 个小正方形。

⑧进而推知，任意一个正方形可以被剪成 5 个以上的正方形。

【例 7】 现有 8 个同样大小的正方形，将它们按照右图所示的方式一个接一个地摆放在一起。如果标有数字"8"的正方形是最后放的，请你确定其他 7 个正方形的摆放顺序。

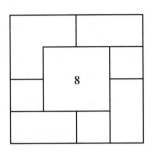

解：解答这道题需要发挥空间想象力，也可以采用剪纸片实验的方式进行探索。最终答案如下图所示。

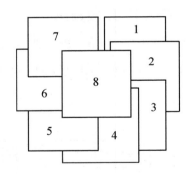

【例 8】 如下图所示，4 个圆两两相交，把 4 个圆面分成了 13 个区域。如果在这些区域中分别填上数字 1～13，然后分别把每个圆中的数字相加求和，最后再把 4 个圆中的数字之和相加求得总和，那么总和的最小值是多少？

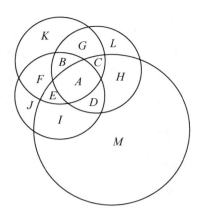

解：用字母 $A \sim M$ 代表相应的数字。注意到 A 处于 4 个圆内，B 处于 3 个圆内……故总和的最小值为

$$A \times 4 + (B + C + D + E) \times 3 + (F + G + H + I) \times 2 + (J + K + L + M) \times 1$$
$$= 1 \times 4 + (2 + 3 + 4 + 5) \times 3 + (6 + 7 + 8 + 9) \times 2 + (10 + 11 + 12 + 13) \times 1$$
$$= 152$$

请你想一想，总和的最大值是多少呢？

【例 9】 把 1、2、3、4 这 4 个数字按如下要求排列起来：在一个数字的后面，对于比它小的那些数字，不能将较小的数字排在较大的数字之前。比如，1234 是正确的，而 1423 是错误的。共有多少种正确的排列方式？

解：正确的排列方法共有以下 14 种。

4321	3421	2431	1432
	3241	2341	1342
	3214	2314	1324
		2143	1243
		2134	1234

不正确的 10 种排列方式如下。

4312	3412	2413	1423
4213	3142		
4231	3124		
4123			
4132			

【附：**联想思考题**】某一天，经理将 4 封信交给打字员打字。他每次都将要打的信放在打字员桌上的信堆上面，而打字员空闲时就将信堆最上面的信取来打字。

假定 4 封信按经理放在信堆上的时间先后顺序依次编号为 1、2、3、4，那么打字员所有可能的打字顺序共有几种？

提示：打字员打字的方式决定了排在一封信后面的比其编号小的那些信必须是倒序排列的。

【**例 10**】 朱丽叶按一种特殊的顺序从左到右写罗马数字 Ⅰ、Ⅱ、Ⅲ、Ⅳ 和 Ⅴ。她将 Ⅰ 写在 Ⅲ 之前，但在 Ⅳ 之后；将 Ⅱ 写在 Ⅳ 之后，但在 Ⅰ 之前；将 Ⅴ 写在 Ⅱ 之后，但在 Ⅲ 之前，并且已知 Ⅴ 不是第三个数字。请按照自左至右的顺序写出这 5 个罗马数字。（1981 年美国小学数学奥林匹克竞赛试题）

解：下面介绍每一步的推理过程。

①由 "将 Ⅰ 写在 Ⅲ 之前，但在 Ⅳ 之后" 可知：Ⅳ、Ⅰ、Ⅲ。

②由 "将 Ⅱ 写在 Ⅳ 之后，但在 Ⅰ 之前" 可知：Ⅳ、Ⅱ、Ⅰ、Ⅲ。

③由 "将 Ⅴ 写在 Ⅱ 之后，但在 Ⅲ 之前" 可知：Ⅳ、Ⅱ、Ⅰ、Ⅴ、Ⅲ。

这种排列方式符合 Ⅴ 不是第三个数字这一要求。

第 4 节　勾股定理的证明

一、欧几里得证明勾股定理

1. 预备知识

我们先接受下述事实。

在下图中，$AB \parallel CD$。由于两条平行线间的距离处处相等，又由于几个三角形有相同的底边，所以平行四边形 $ABCD$ 和 $ABC'D'$ 的面积相等，$\triangle ABC$ 和 $\triangle ABC'$ 的面积相等。

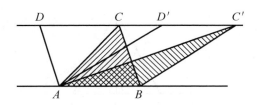

2. 证明过程

如右图所示，在直角三角形 ABC 的 3 条边上作出 3 个正方形，作 AH 垂直于 BC，垂足为 H 并交 DE 于点 L，连接 FC、AD、AF 和 HD。在 $\triangle FBC$ 和 $\triangle ABD$ 中，$FB = AB$，$BC = BD$，$\angle FBC = \angle ABD = 90° + \angle ABC$，所以 $\triangle FBC \cong \triangle ABD$（边角边）。因此，$S_{\triangle FBC} = S_{\triangle ABD}$。

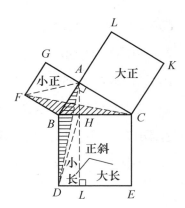

又因为 $S_{\triangle FBC}=S_{\triangle AFB}=\dfrac{1}{2}S_{小正}$（$S_{小正}$ 为小正方形 $ABFG$ 的面积），

$S_{\triangle ABD}=S_{\triangle HBD}=\dfrac{1}{2}S_{小长}$（$S_{小长}$ 为小长方形 $BDLH$ 的面积），故 $S_{小正}=S_{小长}$。

同理，$S_{大正}=S_{大长}$。故 $S_{小正}+S_{大正}=S_{小长}+S_{大长}=S_{正斜}$，所以直角三角形的两条直角边上的正方形面积之和等于斜边上的正方形的面积。

3. 欧几里得证明勾股逆定理

在一个三角形中，如果一条边上的正方形的面积等于其他两条边上的正方形面积之和，那么这两条边的夹角是直角。（《几何原本》命题 I.48）

已知：如下图所示，在 $\triangle ABC$ 中，$BC^2=AB^2+AC^2$。

求证：$\angle BAC$ 是直角。

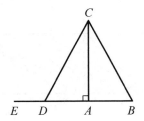

证明：作垂线 $AE \perp AC$，再在 AE 上取一点 D，使 $AD=AB$，连接 CD。因为 $\angle DAC$ 是直角，故 $\triangle DAC$ 是直角三角形。

由于 $AD=AB$，$BC^2=AB^2+AC^2$，所以 $CD^2=AD^2+AC^2=AB^2+AC^2=BC^2$。由此可得 $CD=BC$。

在 $\triangle ADC$ 与 $\triangle ABC$ 中，$AD=AB$，$AC=AC$，$CD=BC$，所以 $\triangle ADC \cong \triangle ABC$（边边边），则 $\angle BAC = \angle DAC$（对应角相等）。

因此，$\angle BAC$ 是直角。

二、寻找勾股三元数组

1. 3、4、5 的倍数扩展

n	$3n$、$4n$、$5n$	$(3n)^2$、$(4n)^2$、$(5n)^2$
1	3、4、5	$9、16、25 \rightarrow 9+16=25$
2	6、8、10	$36、64、100 \rightarrow 36+64=100$
3	9、12、15	$81、144、225 \rightarrow 81+144=225$
4	12、16、20	$144、256、400 \rightarrow 144+256=400$
5	15、20、25	$225、400、625 \rightarrow 225+400=625$
……	……	……

2. 柏拉图的寻找

n	$2n$、n^2-1、n^2+1	$(2n)^2$、$(n^2-1)^2$、$(n^2+1)^2$
2	4、3、5	$16、9、25 \rightarrow 16+9=25$
3	6、8、10	$36、64、100 \rightarrow 36+64=100$
4	8、15、17	$64、225、289 \rightarrow 64+225=289$
5	10、24、26	$100、576、676 \rightarrow 100+576=676$
6	12、35、37	$144、1225、1369 \rightarrow 144+1225=1369$
……	……	……

3. 毕达哥拉斯的寻找

初值：3、4、5。

n	$2n+1$、$2n^2+2n$、$2n^2+2n+1$	$(2n+1)^2$、$(2n^2+2n)^2$、$(2n^2+2n+1)^2$
1	3、4、5	9、16、25 $\rightarrow$ 9+16=25
2	5、12、13	25、144、169 $\rightarrow$ 25+144=169
3	7、24、25	49、576、625 $\rightarrow$ 49+576=625
4	9、40、41	81、1600、1681 $\rightarrow$ 81+1600=1681
5	11、60、61	121、3600、3721 $\rightarrow$ 121+3600=3721
......	......	......

4. 丢番图的寻找

m 和 n（$m>n$）	$2mn$、m^2-n^2、m^2+n^2	$(2mn)^2$、$(m^2-n^2)^2$、$(m^2+n^2)^2$
$n=1$ $m=2$	4、3、5	16、9、25 $\rightarrow$ 16+9=25
$n=1$ $m=3$	6、8、10	36、64、100 $\rightarrow$ 36+64=100
$n=1$ $m=4$	8、15、17	64、225、289 $\rightarrow$ 64+225=289
$n=1$ $m=5$	10、24、26	100、576、676 $\rightarrow$ 100+576=676
$n=2$ $m=3$	12、5、13	144、25、169 $\rightarrow$ 144+25=169
$n=2$ $m=4$	16、12、20	256、144、400 $\rightarrow$ 256+144=400
......	......	......

5．由特殊到一般

古代先贤是如何找到勾股三元数组的？我的猜想是由特殊到一般。我把勾股三元数组看成 3 个一般化的字母式，其平方表现为勾股定理的形式。

$$（式1）^2+（式2）^2=（式3）^2$$

由此，我们想到两数和平方公式与两数差平方公式。二者相减，可得

$$(a+b)^2-(a-b)^2=4ab$$

如果我们把 $4ab$ 变为平方式，就可达到目的了。为此设 $a=m^2$，$b=n^2$，则 $4ab=(2mn)^2$。相应地，$(a+b)^2=(m^2+n^2)^2$，$(a-b)^2=(m^2-n^2)^2$。再设 $m>n$，于是我们有

$$(2mn)^2+(m^2-n^2)^2=(m^2+n^2)^2$$

这就是丢番图（约246—330）找到的勾股三元数组的一般式。

若假设 $a=n^2$，$b=1$，则上式变为

$$(n^2+1)^2-(n^2-1)^2=(2n)^2$$

即

$$(2n)^2+(n^2-1)^2=(n^2+1)^2$$

这就是柏拉图（前427—前347）寻找到的勾股三元数组的一般式。

我们还想到了：

$$1=1^2$$
$$1+3=2^2$$
$$1+3+5=3^2$$
$$1+3+5+7=4^2$$
$$\cdots\cdots$$
$$1+3+5+\cdots+(2n-1)=k^2$$
$$1+3+5+\cdots+(2n-1)+(2k+1)=(k+1)^2$$

由此可得

$$k^2+(2k+1)=(k+1)^2$$

设 $2k+1=(2n+1)^2=4n^2+4n+1$，则有

$$k=2n^2+2n$$

$$k+1=2n^2+2n+1$$

$$(2n+1)^2+(2n^2+2n)^2=(2n^2+2n+1)^2$$

这就是毕达哥拉斯（约前580—约前500）找到的勾股三元数组的一般式。

下面观察3、4、5，可知 $3^2=4+5$ 且4和5相差1，而3是个奇数，奇数可一般化为 $2n+1$。

由于 $(2n+1)^2=4n^2+4n+1=(2n^2+2n)+(2n^2+2n+1)$，于是可知：$2n+1$、$2n^2+2n$、$2n^2+2n+1$ 就应为勾股三元数组了。下面代入数字进行检验。

n	$2n+1$	$2n^2+2n$	$2n^2+2n+1$	$(2n+1)^2+(2n^2+2n)^2=(2n^2+2n+1)^2$
1	3	4	5	$9+16=25$
2	5	12	13	$25+144=169$
3	7	24	25	$49+576=625$
4	9	40	41	$81+1600=1681$
5	11	60	61	$121+3600=3721$
6	13	84	85	$169+7056=7225$
7	15	112	113	$225+12544=12769$
8	17	144	145	$289+20736=21025$
9	19	180	181	$361+32400=32761$
10	21	220	221	$441+48400=48841$
……	……	……	……	……

三、中西方关于勾股定理名称的考据与趣事

根据我国数学家梁宗巨（1924—2020）所著的《数学历史典故》，我们可知西方人把勾股定理称为毕达哥拉斯定理，因为他们相信这是由毕达哥拉斯发现的，或者至少是由他最先证明的。其实，这没有确凿的证据。中世纪，在阿拉伯国家和印度，这个定理有一个绰号，叫作"新娘图"。这也许是因为它说的是两个小正方形合成一个大正方形，可以象征结合，后来又引申为"新娘的椅子"。还有人对《几何原本》中的命题 I.47 的图形发挥想象力，把它和一个背着新娘的士兵画在一起，因二者的轮廓相似。13 世纪，拜占庭的学者大概因为该定理的图形中的两个正方形很像飞虫（当地语言中"新娘"的另义）的翅膀，于是将其误译为"新娘"。该定理的另一个绰号叫"飞车"。

我国以前也称该定理为毕达哥拉斯定理。20 世纪 50 年代初，国内曾展开关于这个定理命名问题的讨论。有人主张叫作"商高定理"，理由是中国在商高时代（约公元前 1100 年）已经知道"勾三股四弦五"的关系，早于毕达哥拉斯。也有人认为 3 ∶ 4 ∶ 5 的关系仅仅是特例，而陈子（生活于公元前 7 至前 6 世纪）提出了普遍的定理，故该定理应称为"陈子定理"。后来，国内学者决定不用人名，而称之为"勾股弦定理"，最后确定叫"勾股定理"。因为有勾股就必定有弦，故省略"弦"字。

毕达哥拉斯发现勾股定理在历史上并无确切记载。公元前 2 世纪，希腊的一位学者阿波罗多罗斯用诗句写了一本《希腊编年史》，其中提到"毕达哥拉斯为了庆祝他发现了那个著名的定理宰牛来祭神，但没有指明是哪一个定理。后来，普鲁塔克（约 46—120，希腊传记作家）援引阿波罗多罗斯的诗句，并提出疑问：那个定理，究竟是关于

直角三角形斜边的定理（即勾股定理），还是关于面积的贴合？西塞罗（前106—前43，罗马政治家和作家）也引用过同样的内容，但他不相信宰牛的事，因为毕达哥拉斯主张吃素，禁止杀生。此后，历代都有人根据阿波罗多罗斯的话去推断，他们几乎都倾向于相信那就是勾股定理，于是便有人冠以毕达哥拉斯之名，一直沿用至今。

四、勾股定理语义的理解与辨析

对于勾股定理，现在至少有3种不同的理解，当然表述方式也随之而不同。

（1）直角三角形斜边上的正方形等于两条直角边上的两个正方形。这是《几何原本》中命题 I.47 的原义。（原文：In right‑angled triangles the square on the side subtending the right angle is equal to the squares on the sides containing the right angle。）

注意，这里讲的纯粹是几何图形之间的关系，完全不牵涉数的问题。所谓相等是指拼补相等，即将两个正方形划分为若干块后，可拼凑成斜边上的大正方形。既然不牵涉数，也就无所谓两数相加之"和"。这可叫作"形的勾股定理"。

（2）直角三角形直角边上的两个正方形的面积之和等于斜边上的正方形的面积。图形的面积是用一个带有单位的数表示的，这种表述指出两个数的和等于第三个数，但是我们应注意到欧几里得从来没有把面积看作一个数来加以运算。

（3）直角三角形斜边长度的平方等于两条直角边长度的平方之和。这种表述把三角形的边长看作数，把定理之意看成了数与数之间的关系。这种表述可称为"数的勾股定理"。

五、探索：欧几里得的勾股定理证明方法是如何找到的

我们相信毕达哥拉斯的确发现且证明了"形的勾股定理"，后来该定理被欧几里得编入了《几何原本》之中。但欧几里得的巧妙证明是如何想出来的呢？后人并没有见到流传下来的材料，我曾有过一个合乎情理的猜想，下面介绍一下。

1. 受到启示

在生活中，人们常常看到用地砖铺成的地面，稍加思考就会发现一种实为勾股定理特例的简单情况。

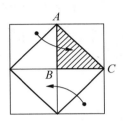

如右图所示，等腰直角三角形 ABC 的直角边 AB 和 BC 上的两个正方形正好能拼合成斜边 AC 上的大正方形（未画出）。欧几里得由此可能会得到一点启示。我们也可以在纸上画一个长为宽的 2 倍的长方形（见右图），经剪拼后可得到一个面积相等的正方形。

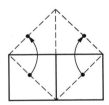

2. 由特殊到一般的拓展过程

先看等腰直角三角形。

①发现（特例）：如右图所示，等腰直角三角形（阴影三角形）斜边上的正方形的面积等于两条直角边上的两个正方形的面积之和。

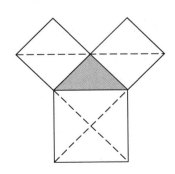

②推论（特例）：等腰直角三角形斜边上的正方形的面积的一半和直角边上的一个正方形的面积相等，即阴影正方形的面积和阴影长方形的面积相等，如下图所示。

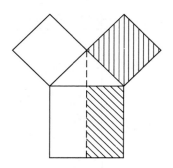

③继而推论：继上图，小正方形面积的一半等于小长方形面积的一半，如下图所示。

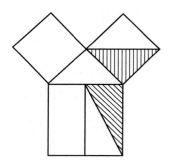

④进一步发现（关键之一）：阴影小三角形①的面积与小正方形面积的一半相等，而阴影小三角形②的面积与小长方形面积的一半相等（见下图），因而小阴影三角形①和②的面积相等。

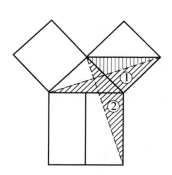

再分析一般的直角三角形。

对于一般的直角三角形（见右图），小阴影三角形①和②的面积相等吗？

经仔细观察可知，这两个三角形对应的两条边分别相等，这两条边的夹角也相等，因此小阴影三角形①和②全等（边角边）。

3. 反推

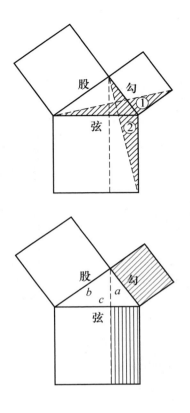

如右图所示，勾上的正方形的面积等于弦上的小长方形的面积。同理，股上的正方形的面积等于弦上的大长方形的面积。

发现勾股定理：在直角三角形中，勾上的正方形的面积与股上的正方形的面积之和等于弦上的正方形面积。

$$勾方 + 股方 = 弦方$$
$$a^2 + b^2 = c^2$$

六、《周髀算经》中的勾股定理

勾股定理的证明在我国最早记载于《周髀算经》。此书的成书年代大约是公元前 1 世纪，传本由赵爽（字君卿，公元 2 ~ 3 世纪）所注，书中写道："勾股各自乘，并之为弦实，开方除之，即弦。"这是勾股定理的一般叙述。

下图是《周髀算经》中的弦图。

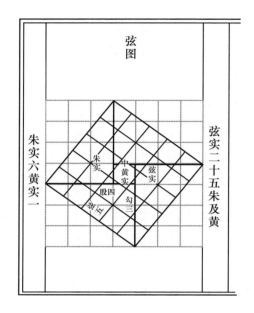

两个全等的直角三角形（三角形的面积叫"朱实"，涂红色）合起来成为一个矩形，4个这样的矩形围成一个大正方形，中间留出一个小正方形空格（涂黄色，其面积叫"中黄实"，也叫"差实"）。这就是弦图的结构。

赵爽写道："按弦图，又可以勾股相乘为朱实二，倍之为朱实四。以勾股之差自相乘为中黄实，加差实，亦成弦实。"

七、勾股定理的推广

1. 帕普斯定理

帕普斯定理的内容是：任一三角形的两条短边上的两个平行四边形的面积之和等于长边上的平行四边形的面积。如何证明该定理？

证明：下图中的 $\triangle ABC$ 是一个一般的三角形，我们以 AB、AC 为边任意作两个平行四边形 ABB_1A_1 和 ACC_1A_2。延长 B_1A_1，再延长

C_1A_2，使二者相交于点 M。再以 BC 为边作平行四边形 BB_2C_2C，使得 $BB_2 /\!/ MA$，$BB_2 = MA$。

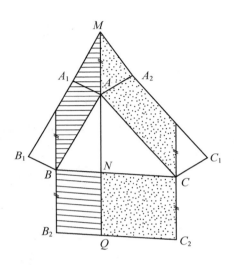

延长 MA 交 BC 于点 N，交 B_2C_2 于点 Q。因为在两条平行线之间，以相等线段（$BB_2 = MA$）为边的两个平行四边形的面积相等，所以 $S_{\square ABB_1A_1} = S_{\square BNQB_2}$，$S_{\square ACC_1A_2} = S_{\square CNQC_2}$。因此，$S_{\square ABB_1A_1} + S_{\square ACC_1A_2} = S_{\square BB_2C_2C}$（证毕）。

帕普斯是古希腊数学家，著有《数学汇编》，他在该书中介绍了该定理。

思考：勾股定理可否被视为帕普斯定理的一个特例？

2. 相似形

在日常生活中，我们称形状相同、大小不等的两个物体是相似的。在数学上，我们则把对应角相等、对应边成比例的两个多边形叫作相似形。相似用符号"∽"表示。

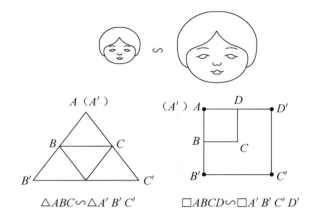

$$\triangle ABC \backsim \triangle A'B'C' \qquad \Box ABCD \backsim \Box A'B'C'D'$$

著名数学家和数学教育家弗赖登塔尔说："数学的根源在于普通的常识，相似是一个例子……从小时候起，我们就很熟悉物体的详细图形，这些图形是通过对物体的放大或缩小而得到的，在数学上称为'相似'。从认知发展上讲，这种相似性是先于数的概念的。"右图是将勾股定理推广到相似形时的情况。

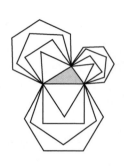

3. 广义的勾股定理

广义的勾股定理就是三角形中的余弦定理，它不再局限于直角三角形，而适用于任意三角形。

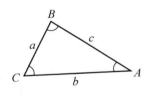

在△ABC中，3个角为∠A、∠B、∠C，它们对应的3条边为 a、b、c，此时以下关系成立。

$$\begin{cases} c^2 = a^2 + b^2 - 2ab\cos C \\ a^2 = b^2 + c^2 - 2bc\cos A \\ b^2 = a^2 + c^2 - 2ac\cos B \end{cases}$$

这就是余弦定理的数学表达式，可用文字表述为：三角形任意一边的平方等于其他两边的平方和减去这两条边与其夹角的余弦的积的两倍。

第 5 节 《几何原本》有关命题解读

命题 Ⅱ.1 两条线段中的一条被截成许多段，那么以这两条线段为边的长方形的面积等于以截出的各条小线段与未截的那条线段为边的各个小长方形的面积之和。

解读： 设两条线段为 a 和 b，且 $b=b_1+b_2+b_3$，如下图所示。

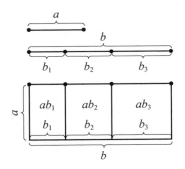

$$ab=a(b_1+b_2+b_3)=ab_1+ab_2+ab_3$$

若 $a=3$，$b=10=2+3+5$，则 $ab=3\times10=3\times2+3\times3+3\times5$。

联想： 这一结论实为公理"整体等于部分之和"。

①在几何上，此为剪拼割补法的根据。

②在代数上，此为乘法对加法的分配律。

命题 Ⅱ.2 一条线段被任意分成两部分，分别以这两部分与原线段为边构成的长方形面积之和等于以原线段为边构成的正方形的面积。

解读： 设原线段为 a，且 $a=a_1+a_2$，则 $aa_1+aa_2=a^2$，如下图所示。

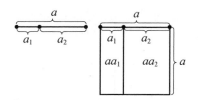

命题Ⅱ.3　如果一条线段被任意分为两段，那么该线段与两条小线段之一所构成的长方形的面积等于两条小线段构成的长方形与前述小线段上的正方形的面积之和。

解读：设 $x=y+z$，则 $xy=y^2+yz$，如右图所示。

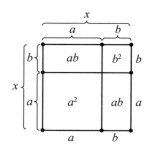

命题Ⅱ.4　如果一条线段被切分为两段，则以该线段为边的正方形面积等于两条小线段上的正方形面积之和再加上这两条小线段构成的长方形面积的两倍。

解读：这就是两数和平方公式，即 $(a+b)^2=a^2+2ab+b^2$，如下图所示。

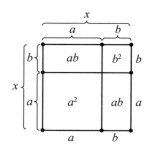

联想：我们由此想到三大平方公式中的另外两个，它们只是分割及表述方式不同。

①两数差平方公式：$(a-b)^2=a^2-2ab+b^2$，如下图所示。

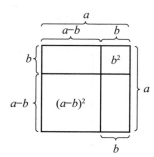

②两数平方差公式：$a^2-b^2=(a+b)(a-b)$，如下图所示。

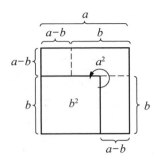

命题 Ⅱ.5　如果把一条线段先分成两条长度相等的线段，再分成两条长度不相等的线段，那么两条长度不相等的线段构成的长方形与以两分点间的线段为边构成的正方形的面积之和等于原线段之半上的正方形面积。

解读：如下图所示，P_1 为等分点，$AP_1=\dfrac{x+y}{2}$；P_2 为不等分点，$P_1P_2=x-\dfrac{x+y}{2}=\dfrac{x+y}{2}-y=\dfrac{x-y}{2}$。

求证：$S_{\text{长方形}\,AP_2P_2'A'}+S_{\text{正方形}\,P_1'P_2P_2''P_1''}=S_{\text{正方形}\,P_1BB'P_1''}$。

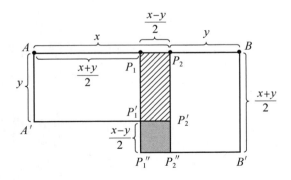

由上图可知，长方形 $AP_1P_1'A'\cong$ 长方形 $BP_2P_2''B'$，故可进行割补。而长方形 $P_1P_2P_2'P_1'$ 加上长方形 $AP_1P_1'A'$，就形成了长方形 $AP_2P_2'A'$。故得 $S_{\text{长方形}\,AP_2P_2'A'}+S_{\text{正方形}\,P_1'P_2P_2''P_1''}=S_{\text{正方形}\,P_1BB'P_1''}$，即 $xy+\left(\dfrac{x-y}{2}\right)^2=\left(\dfrac{x+y}{2}\right)^2$。

联想：我由此式发现了一元二次方程的一种新解法，详见前文。

下面是命题Ⅱ.5 的变相图。

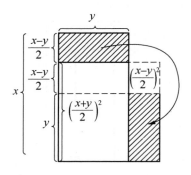

由上图可以得到

$$xy = \left(\frac{x+y}{2}\right)^2 - \left(\frac{x-y}{2}\right)^2$$

请尝试解下列方程。

$$x^2 - 8x + 12 = 0$$
$$x(x-8) + 12 = 0$$
$$(x-4)^2 - 4^2 + 12 = 0$$

命题Ⅱ.6 如果一条线段被平分且其尾端又增加了一条线段，那么以总线段与后增线段为边构成的长方形的面积与原线段一半上的正方形面积之和等于以原线段的一半加上后增线段为边构成的正方形的面积。

解读：如右图所示，设原线段 AB 的中点为 C，即 $AB = 2AC = 2a$，后增线段 $BD = b$。显然，

$S_{长方形\ AA'C'C} = S_{长方形\ B'D'D''B''}$。

所以，$(2a+b)b + a^2 = (a+b)^2$。

命题Ⅱ.7 一条大线段被任意一点切分，则以这条大线段为边的正方形的面积与其中一条小线段上的正方形面积之和等于以大线段和该小线段为边构成的长方形面积的 2 倍与另一条小线段上的正方形面积之和。

解读：如右图所示，$AB = AC + CB$，即 $x = a + b$。看图可知，$x^2 = (a + b)^2 = a^2 + 2ab + b^2$。

因为 $x^2 + b^2 = (a + b)^2 + b^2 = a^2 + 2ab + 2b^2$，$2bx + a^2 = 2b(a + b) + a^2 = a^2 + 2ab + 2b^2$，所以 $x^2 + b^2 = 2bx + a^2$。

命题Ⅱ.8 一条大线段被任意切分为两部分，以这条大线段和一条小线段为边构成的长方形面积的 4 倍与另一条小线段上的正方形面积的和等于以大线段与该小线段的长度之和为边的正方形的面积。

解读：如右图所示，$AB = AC + CB$，即 $x = a + b$。

依题意断言：$4bx + a^2 = (x + b)^2$。现分析如下。

由右图可知，可将小正方形 $BCC'B'$ 下方的小正方形移到小正方形 $BCC'B'$ 的右边。由此可得，小长方形 $ABB'A'$ 的面积的 4 倍等于小长方形 $ACC'A'$ 的面积的 4 倍与小正方形 $BCC'B'$ 的面积的 4 倍之和，故而边长为 AD 的大正方形的面积等于小长方形 $ABB'A'$ 的面积的 4 倍（$4bx$）与另一个边长为 a 的正方形面积（a^2）之和。

代数推导过程如下。

$$\because 4bx + a^2 = 4b(a + b) + a^2 = 4ab + 4b^2 + a^2$$

$$(x + b)^2 = (a + 2b)^2 = a^2 + 4ab + 4b^2$$

$$\therefore 4bx + a^2 = (x + b)^2$$

命题Ⅱ.9　如果一条大线段先后被分成相等与不相等的两部分，那么不相等的两条小线段上的两个正方形面积之和等于大线段一半上的正方形与两个分点间的线段上的正方形面积之和的 2 倍。

解读：如下图所示，C_1、C_2 分别为 AB 的等分点和不等分点，即

$$AB = AC_1 + C_1B = AC_2 + C_2B = x + y, \quad AC_1 = \frac{x+y}{2}, \quad C_1C_2 = \frac{x+y}{2} - y = \frac{x-y}{2}.$$

下面我们用代数方法进行论证。

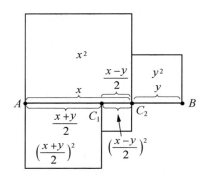

由上图可见，$x^2 + y^2$ 为不等分的两条小线段上的两个正方形的面积之和，而大线段一半上的正方形与两个分点间的小线段上的正方形的面积之和为 $\left(\dfrac{x+y}{2}\right)^2 + \left(\dfrac{x-y}{2}\right)^2 = \dfrac{x^2 + 2xy + y^2 + x^2 - 2xy + y^2}{4} = \dfrac{x^2 + y^2}{2}$。

特例：如右图所示，$AB = AC_2 + C_2B = 6 + 2$，则

$AC_2^2 + C_2B^2 = 6^2 + 2^2 = 40$，$AC_1^2 + C_1C_2^2 = 4^2 + 2^2 = 20$。

命题Ⅱ.10　在一条被二等分的大线段的一端按其延长线的方向加上一条小线段，那么合成的新线段上的正方形的面积与所加小线段上的正方形面积之和等于以原大线段的一半为边的正方形的面积与以另一半加上小线段为边的正方形的面积之和的 2 倍。

解读：如右图所示，C 为 AB 的等分点，BD 为所加的小线段，则 $AB=AC+CB$，$x=\dfrac{x}{2}+\dfrac{x}{2}$，$BD=y$。下面用代数方法进行分析。

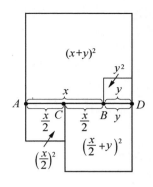

线段 AD 的上方：$(x+y)^2+y^2=x^2+2xy+2y^2$。

线段 AD 的下方：$\left[\left(\dfrac{x}{2}\right)^2+\left(\dfrac{x}{2}+y\right)^2\right]\times 2=x^2+$

$2xy+2y^2$。

可见，$(x+y)^2+y^2=\left[\left(\dfrac{x}{2}\right)^2+\left(\dfrac{x}{2}+y\right)^2\right]\times 2$。

命题 Ⅱ.11 切分已知线段，使它与其中的一条小线段构成的长方形的面积等于以余下的另一条小线段为边的正方形的面积。

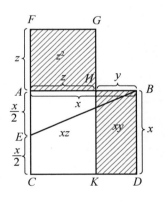

解读一：如右图所示，设给定线段 $AB=x$。在 AB 上作正方形 $ABDC$，在 AC 边上取一点 E，使 $EA=EC=\dfrac{x}{2}$。延长 EA 到点 F，使 $EF=EB$。在 AB 上取一点 H，使 $AH=AF=z$。作正方形 $AHGF$，延长 GH 交 CD 于点 K，得到长方形 $HKDB$，则 $S_{正方形\,AHGF}=S_{长方形\,HKDB}$。下面证明这一结论。

因为 $EF=EB$ 且 $\triangle EBA$ 是直角三角形，所以 $\left(\dfrac{x}{2}+z\right)^2=\left(\dfrac{x}{2}\right)^2+x^2$（勾股定理）。整理后得 $z^2=x^2-xz=xy$，所以 $S_{正方形\,AHGF}=S_{长方形\,HKDB}$。

解读二：该命题的要求就是在大线段 AB 上找一个分点 H（见下图），使得 $a(a-x)=x^2$，或 $\dfrac{x}{a-x}=\dfrac{a}{x}$。此为我们熟知的黄金分割比。

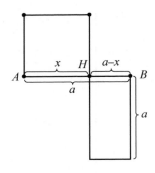

下面解一元二次方程 $x^2+ax-a^2=0$。

$$x(x+a)-a^2=0 \text{（提取公因子 } x\text{）}$$

$$\left(x+\frac{a}{2}\right)^2-\left(\frac{a}{2}\right)^2-a^2=0 \text{（两数积半和差平方差公式）}$$

$$\left(x+\frac{a}{2}\right)^2=\left(\frac{a}{2}\right)^2+a^2$$

$$x_{1,2}=-\frac{a}{2}\pm\sqrt{\left(\frac{a}{2}\right)^2+a}$$

令 $a=1$，x 取正值，得出黄金分割数：

$$x=\frac{\sqrt{5}-1}{2}\approx0.618$$

命题 Ⅱ.12 在钝角三角形中，钝角对边上的正方形的面积大于两个锐角对边上的正方形面积之和，其差为一个长方形面积的 2 倍，即由一个锐角的顶点向对边的延长线作垂线，垂足到钝角顶点间的线段与另一条边所构成的长方形的面积的 2 倍。

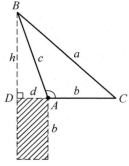

解读：如右图所示，在 $\triangle ABC$ 中，$\angle A$ 为钝角，BD 垂直于 CA 的延长线，垂足为点 D。

下面证明 $a^2=b^2+c^2+2bd$。

由勾股定理可得：$a^2=h^2+(d+b)^2=c^2-d^2+d^2+2bd+b^2=b^2+c^2+2bd$。

联想：此为勾股定理向非直角三角形的推广。

命题Ⅱ.13 在锐角三角形中，一个锐角的对边上的正方形面积小于夹该锐角的两条边上的正方形面积之和，其差为一个长方形面积的2倍。该长方形为由另一个锐角的顶点向其对边作垂线，垂足到前一个锐角的顶点之间的线段与该边所构成的长方形。

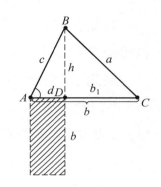

解读：如右图所示，在△ABC中，∠A是锐角，BD垂直于AC，则有$a^2=b^2+c^2-2bd$。下面证明这一结论。

$$a^2=h^2+{b_1}^2$$
$$=c^2-d^2+(b-d)^2$$
$$=c^2-d^2+b^2-2bd+d^2$$
$$=b^2+c^2-2bd$$

联想：学习三角函数之后，可将本命题与上一个命题中的两式统一为余弦定理，即$a^2=b^2+c^2-2bc\cos A$。此式可视为勾股定理的推广。

命题Ⅱ.14 给定一个长方形，作一个面积与其相等的正方形。

解读：如右图所示，给定长方形$BEDC$，延长BE到点F，使$EF=ED$。取BF的中点G，以GB为半径、G为圆心画半圆BHF。延长DE交半圆于点H，连接GH。以GH为边，以∠HEF为一个直角，画正方形，则该正方形的面积与给定长方形的面积相等。下面证明这一结论。

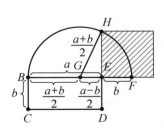

设 $BE=a$，$ED=EF=b$，因为 G 为 BF 的中点，所以 $BG=GH=\dfrac{a+b}{2}$，

且 $GE=\dfrac{a+b}{2}-b=\dfrac{a-b}{2}$。所以，在直角三角形 GHE 中，$HE^2=GH^2-$

GE^2，即 $HE^2=\left(\dfrac{a+b}{2}\right)^2-\left(\dfrac{a-b}{2}\right)^2=ab$。

可见，以 HE 为边的正方形即为所求。此处作图及代数演算的证法可谓非常简捷、漂亮，其中也显示了勾股定理的力量。

联想：命题Ⅱ.14 与命题Ⅱ.5 的说法不一样，但实质相同。

如下图所示，先后对一条大线段 BF 进行等分和不等分。E 为不等分点，设 $BE>EF$；G 为等分点，$BG=GF$。GE 为两个分点之间的线段。

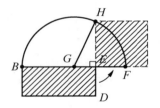

根据命题Ⅱ.14 的结论可知，EH 即为所求正方形的边。

$GH=GF$，它为直角三角形 GEH 的斜边，故有

$$GH^2=GE^2+EH^2$$

$GH=GF=\dfrac{1}{2}BF$，根据命题Ⅱ.5 的结论可知

$$GH^2=GE^2+BE\times ED$$

因此，有

$$EH^2=BE\times ED$$

进一步联想： 下面研究图形转换的其他情形。

（1）将三角形化为面积相等的长方形。

$\triangle BCD$ 如下图所示，下面将它化为等面积的长方形。从点 D 作 BC 的垂线，垂足为 E，DE 就是 $\triangle BCD$ 的高，故 $S_{\triangle BCD} = \frac{1}{2}$（底 × 高）= $\frac{1}{2}(BC \times DE)$。取 DE 的中点 F，得 $EF = \frac{1}{2}DE$。作长方形 $GHJI$，使 $GH=BC$，$HJ=EF$。因此，$S_{长方形\ GHJI} =$ 长 × 宽 $= GH \times HJ = BC \times EF = \frac{1}{2}(BC \times DE)$，即 $S_{长方形\ GHJI} = S_{\triangle BCD}$。

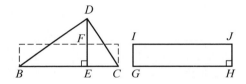

（2）将长方形化为面积相等的正方形（参见命题 Ⅱ.14）。

已知长方形 $BCDE$，延长 BE 至点 F，使 $EF=ED$，如下图所示。以 BF 的中点 G 为圆心，以 GB 为半径画半圆 BHF，延长 DE 交半圆 BHF 于点 H。连接 GH，得直角三角形 GHE。以 HE 为边作正方形 $HEKL$，则 $HE^2 = ab$（证明从略）。

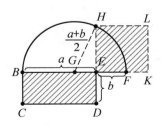

（3）将多边形化为面积相等的正方形。

对于一个一般的多边形（如下图所示），我们通过作对角线将它划分为 3 个三角形，这样整个多边形的面积就记为 $S_B+S_C+S_D$。

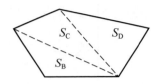

我们已经会把一个三角形化为面积相等的正方形，把对应的正方形的边长分别记为 b、c、d，如下图所示。

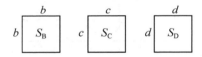

以 b 和 c 为直角边作直角三角形，使其斜边为 x，即 $x^2=b^2+c^2$。接着以 x 和 d 为直角边作直角三角形，使其斜边为 y，因此 $y^2=x^2+d^2$，即 $y^2=(b^2+c^2)+d^2=S_B+S_C+S_D$。阴影部分即为所求的正方形。

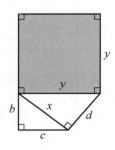

附　录　几条重要的定理

一、正弦定理

如右图所示，斜边和 $\angle\alpha$ 完全确定了一个直角三角形。现有以下定义。

$\angle\alpha$ 的正弦：$\sin\alpha = \dfrac{\text{对边}}{\text{斜边}}$。

$\angle\alpha$ 的余弦：$\cos\alpha = \dfrac{\text{邻边}}{\text{斜边}}$。

结合下面的图，进一步推导。

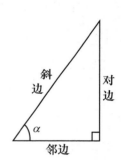

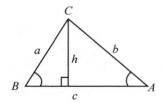

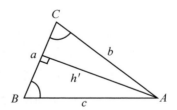

$$\sin A = \frac{h}{b}, \quad \sin B = \frac{h}{a}$$

$$\frac{\sin A}{\sin B} = \frac{h/b}{h/a} = \frac{a}{b}, \quad \text{或} \frac{a}{\sin A} = \frac{b}{\sin B} \qquad ①$$

$$\sin B = \frac{h'}{c}, \quad \sin C = \frac{h'}{b}$$

$$\frac{\sin B}{\sin C} = \frac{h'/c}{h'/b} = \frac{b}{c}, \quad \text{或} \frac{b}{\sin B} = \frac{c}{\sin C} \qquad ②$$

由式①和式②得正弦定理：

$$\frac{a}{\sin A} = \frac{b}{\sin B} = \frac{c}{\sin C}$$

即一个三角形的各边与它所对角的正弦值的比相等。

二、余弦定理（广义勾股定理）

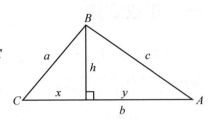

如右图所示，在一般的三角形 ABC 中，边 a、b、c 所对的角分别为 $\angle A$、$\angle B$、$\angle C$，h 为 b 边上的高，则有

$$x + y = b \qquad ①$$

$$x^2 + h^2 = a^2 \qquad ②$$

$$c^2 = y^2 + h^2 \qquad ③$$

由式①得 $y = b - x$，由式②得 $h^2 = a^2 - x^2$，将这两个式子代入式③，则有

$$
\begin{aligned}
c^2 &= (b-x)^2 + (a^2 - x^2) \\
&= b^2 - 2bx + x^2 + a^2 - x^2 \\
&= b^2 - 2bx + a^2
\end{aligned}
$$

即

$$c^2 = a^2 + b^2 - 2bx$$

由余弦定义可得 $x = a\cos C$，因此

$$c^2 = a^2 + b^2 - 2ab\cos C$$

我们由此得到余弦定理，它可以表述为：一个三角形的一条边的平方等于其他两边的平方和减去这两条边与夹角余弦的乘积的 2 倍。余弦定理的两种写法如下：

$$c^2 = a^2 + b^2 - 2ab\cos C，或 \cos C = \frac{a^2 + b^2 - c^2}{2ab}$$

$$a^2 = b^2 + c^2 - 2bc\cos A \text{，或} \cos A = \frac{b^2 + c^2 - a^2}{2bc}$$

$$b^2 = a^2 + c^2 - 2ac\cos B \text{，或} \cos B = \frac{a^2 + c^2 - b^2}{2ac}$$

三、海伦公式

假设三角形的面积为 A，各边的长度为 a、b、c，$s = \frac{1}{2}(a+b+c)$，则有 $A = \sqrt{s(s-a)(s-b)(s-c)}$。该式称为海伦公式，其推导过程如下。

如下图所示，作 c 边上的垂线 h，分 c 边为 x 和 y 两部分，则该三角形的面积为 $A = \frac{1}{2}ch$，且有

$$x + y = c \qquad \text{①}$$

由勾股定理可知

$$x^2 + h^2 = a^2 \qquad \text{②}$$

$$y^2 + h^2 = b^2 \qquad \text{③}$$

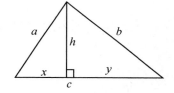

式②和式③的两边分别相减，则有

$$x^2 - y^2 = a^2 - b^2$$

$$(x+y)(x-y) = a^2 - b^2$$

所以

$$x - y = \frac{a^2 - b^2}{c} \qquad \text{④}$$

由式①和式④，运用和差公式，可得

$$x = \frac{c}{2} + \frac{a^2 - b^2}{2c} = \frac{c^2 + a^2 - b^2}{2c} \qquad \text{⑤}$$

把式⑤代入式②，得

$$h^2 = a^2 - x^2 = a^2 - \left(\frac{c^2 + a^2 - b^2}{2c}\right)^2 \qquad \text{⑥}$$

把式⑥代入 $A = \dfrac{1}{2}ch$，得

$$A^2 = \dfrac{1}{4}c^2h^2$$

$$= \dfrac{1}{4}c^2a^2 - \dfrac{1}{4}c^2\left(\dfrac{c^2 + a^2 - b^2}{2c}\right)^2$$

$$= \left(\dfrac{ac}{2}\right)^2 - \left(\dfrac{c^2 + a^2 - b^2}{4}\right)^2$$

即 $\qquad\qquad 16A^2 = (2ac)^2 - (c^2 + a^2 - b^2)^2$

运用两数平方差公式，得

$$16A^2 = (2ac + c^2 + a^2 - b^2)\left[2ac - (c^2 + a^2 - b^2)\right]$$

$$= \left[(a^2 + 2ac + c^2) - b^2\right]\left[b^2 - (a^2 - 2ac + c^2)\right]$$

运用两数和平方公式与两数差平方公式，得

$$16A^2 = \left[(a + c)^2 - b^2\right]\left[b^2 - (a - c)^2\right]$$

再利用两数平方差公式，得

$$16A^2 = (a + c + b)(a + c - b)(b + a - c)(b - a + c) \qquad\qquad ⑦$$

设 $s = \dfrac{1}{2}(a + b + c)$，则有

$$a + c + b = 2s \qquad\qquad ⑧$$

$$a + c - b = a + c + b - 2b = 2s - 2b = 2(s - b) \qquad\qquad ⑨$$

$$b + a - c = a + b + c - 2c = 2s - 2c = 2(s - c) \qquad\qquad ⑩$$

$$b - a + c = a + b + c - 2a = 2s - 2a = 2(s - a) \qquad\qquad ⑪$$

将式⑧～式⑪代入式⑦，则有

$$16A^2 = 2s \times 2(s - b) \times 2(s - c) \times 2(s - a)$$

即 $\qquad\qquad A^2 = s(s - a)(s - b)(s - c)$

由此可得计算三角形面积的海伦公式：

$$A = \sqrt{s(s-a)(s-d)(s-c)}$$

式中，$s = \dfrac{1}{2}(a+b+c)$。

海伦是古希腊数学家、工程师，著有《反射光学》《量度论》。他曾在书中说道："自然界是很了解几何且运用自如的。"他得出的海伦公式很了不起。

【例 1 】 如下图所示，已知 $a=3$，$b=4$，$c=5$，求三角形的面积 A。

解：
$$s = \frac{1}{2}(a+b+c)$$
$$= \frac{1}{2}(3+4+5)$$
$$= 6$$
$$s-a = 6-3 = 3$$
$$s-b = 6-4 = 2$$
$$s-c = 6-5 = 1$$
$$A = \sqrt{s(s-a)(s-b)(s-c)}$$
$$= \sqrt{6 \times 3 \times 2 \times 1}$$
$$= \sqrt{6 \times 6}$$
$$= 6$$

【例 2 】 下图中三角形的 3 条边的长度分别为 13、14、15，求该三角形的面积 A。

解：
$$s = \frac{1}{2}(13+14+15)$$
$$= \frac{1}{2} \times 42$$
$$= 21$$

$$s-a=21-13=8$$
$$s-b=21-14=7$$
$$s-c=21-15=6$$
$$A=\sqrt{21\times8\times7\times6}$$
$$=\sqrt{7\times3\times2^3\times7\times3\times2}$$
$$=\sqrt{7^2\times3^2\times4^2}$$
$$=7\times3\times4$$
$$=84$$

四、海伦公式再推导

对于右图所示的三角形，其面积为
$$A=\frac{1}{2}bh=\frac{1}{2}ab\sin C$$

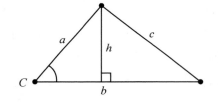

根据 $\sin^2C+\cos^2C=1$ 和余弦定理
$$\cos C=\frac{a^2+b^2-c^2}{2ab}，可得$$

$$A=\frac{1}{2}ab\sin C$$
$$=\frac{1}{2}ab\sqrt{1-\left(\frac{a^2+b^2-c^2}{2ab}\right)^2}$$
$$=\frac{1}{4}\sqrt{(2ab)^2-(a^2+b^2-c^2)^2}$$

由两数平方差公式与两数平方和公式等可得
$$(2ab)^2-(a^2+b^2-c^2)^2$$
$$=(2ab+a^2+b^2-c^2)(2ab-a^2-b^2+c^2)$$
$$=\left[(a+b)^2-c^2\right]\left[c^2-(a-b)^2\right]$$
$$=(a+b+c)(a+b-c)(c+a-b)(c-a+b)$$
$$=2s\times2(s-c)\times2(s-b)\times2(s-a)$$

即
$$A = \sqrt{s(s-a)(s-b)(s-c)}$$

五、三角形的中线定理

如右图所示，$\triangle ABC$ 的中线为 AD，证

明 $AB^2 + AC^2 = \dfrac{1}{2} BC^2 + 2AD^2$。

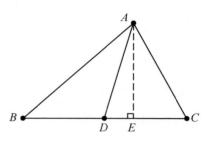

证明： 作线段 $AE \perp BC$，则 AE 为
$\triangle ABC$ 的边 BC 上的高。利用勾股定理，
有

$$AB^2 = BE^2 + AE^2 \qquad \qquad ①$$
$$AC^2 = CE^2 + AE^2 \qquad \qquad ②$$
$$AE^2 = AD^2 - DE^2 \qquad \qquad ③$$

将式①和式②的两边分别相加，则有

$$AB^2 + AC^2 = BE^2 + CE^2 + 2AE^2 \qquad \qquad ④$$

把式③代入式④，则有

$$AB^2 + AC^2 = BE^2 + CE^2 + 2AD^2 - 2DE^2$$
$$= (BD + DE)^2 + (CD - DE)^2 - 2DE^2 + 2AD^2$$
$$= \left(\frac{BC}{2} + DE\right)^2 + \left(\frac{BC}{2} - DE\right)^2 - 2DE^2 + 2AD^2$$

整理后，可得

$$AB^2 + AC^2 = \frac{1}{2} BC^2 + 2AD^2$$

或
$$AD^2 = \frac{AB^2 + AC^2}{2} - \left(\frac{BC}{2}\right)^2$$

因此，$\triangle ABC$ 的边 BC 上的中线的平方等于其他两条边的平方和
的一半减边 BC 的一半的平方。我们由此得到三角形的中线定理：一

个三角形的一条边上的中线的平方等于其他两条边的平方和的一半减该边一半的平方。

下面简化符号，再推导三角形的中线定理。

如右图所示，改进线段的表示方法，则有 $a^2+b^2=2m^2+\dfrac{1}{2}c^2$ 。请你体会这种方法的简明便捷的优点。

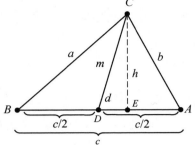

已知 $BC=a$，$AC=b$，$AB=c$，$BD=DA=\dfrac{c}{2}$，$DE=d$，$CE=h$，下面推导 $a^2+b^2=2m^2+\dfrac{1}{2}c^2$。

根据勾股定理，可得

$$a^2=\left(\dfrac{c}{2}+d\right)^2+h^2=\left(\dfrac{c}{2}+d\right)^2+m^2-d^2$$

$$b^2=\left(\dfrac{c}{2}-d\right)^2+h^2=\left(\dfrac{c}{2}-d\right)^2+m^2-d^2$$

两式相加，可得

$$a^2+b^2=\left(\dfrac{c}{2}\right)^2+2\times\dfrac{c}{2}\times d+d^2+\left(\dfrac{c}{2}\right)^2-2\times\dfrac{c}{2}\times d+d^2+2m^2-2d^2$$

即

$$a^2+b^2=2m^2+\dfrac{1}{2}c^2$$

或

$$m^2=\dfrac{a^2+b^2}{2}-\left(\dfrac{c}{2}\right)^2$$

注意：一般来说，符号就是某种事物的代号，它的意义是采用一一对应的方式，把一个复杂的事物用简便的方式表现出来。使用符号是数学史上的一件大事，符号是交流与传播数学思想的媒介。

第 3 讲

三共定理

第 1 节　比与比例
第 2 节　解读三共定理
第 3 节　练习与提高

03

第 1 节　比与比例

一、比

1. 什么叫比

我们知道，要比较两个数的大小，有以下两种方法。一种是用减法，写成算式 "$a-b=$?"，看差。另一种是用除法，写成算式 "$a \div b=$?"，看商。现在我们要讲后者。比如，$6 \div 2=3$，除了说该式表示 6 除以 2 的商是 3 以外，还可说 6 是 2 的 3 倍。下面我们换个写法和说法：

$$6 : 2 = \frac{6}{2} = 3$$

上式可说成 6 比 2，比值是 3，其中 "："和 "—"叫作比号。注意，6 叫作前项，2 叫作后项。在读说时，我们要说前项比后项等于几，或前项与后项的比是几。

2. 比的基本性质

比的前项和后项都乘以或除以相同的数（0 除外），比值不变。

$$\frac{a}{b} = \frac{a \times c}{b \times c} = \frac{a \div c}{b \div c}$$

此处，c 不等于 0。以上关系称为比的基本性质。

利用比的基本性质，可以把比简化为最简整数比，也可以把三个数的两两之比化为三个数的连比。

【例】 若 $\dfrac{甲}{乙}=\dfrac{2}{3}$ ， $\dfrac{乙}{丙}=\dfrac{4}{5}$ ，求甲：乙：丙 = ？

解： $\dfrac{甲}{乙}=\dfrac{2\times4}{3\times4}=\dfrac{8}{12}$ ， $\dfrac{乙}{丙}=\dfrac{3\times4}{3\times5}=\dfrac{12}{15}$ ，则甲：乙：丙 =8：12：15。

3. 按占比分配

【例 1】 妈妈给两个儿子 100 元，兄弟俩商量按 3：2 分，也就是哥哥拿 3 份，弟弟拿 2 份。二人各得多少？

解：把 100 元分成 5 份，则每份是 100÷5＝20（元）。所以，哥哥得 20×3＝60（元），弟弟得 20×2＝40（元）。

【例 2】 某校的三年级共有 204 名学生，其中男、女生人数之比为 9：8。男、女生各有多少人？

解：

$$204÷（9+8）=12（人）$$

$$12×9=108（人）$$

$$12×8=96（人）$$

所以，男生有 108 人，女生有 96 人。

4. 正比与反比

若 $\dfrac{y}{x}=k$ ，即 $y=kx$ （ k 是一个定数），则我们说 y 与 x 成正比，即 x 的值变大时， y 的值也会随着成倍数地变大。比如， $y=2x$ （即 y 是 x 的 2 倍），则有

x	0	1	2	3	4	5	6	7	8	……
y	0	2	4	6	8	10	12	14	16	……

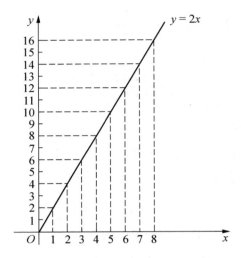

若 $xy=k$（k 是一个定数），则我们说 y 与 x 成反比，即随着 x 的值逐渐变大，y 的值越来越小。比如，$xy=8$，即 $y=\dfrac{8}{x}$，则有

x	1	2	3	4	5	6	7	8	……
y	8	4	2.67	2	1.6	1.33	1.14	1	……

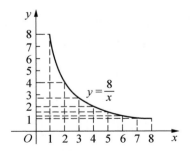

在小学数学中，我们常常遇到行程问题，需记住以下公式：路程 = 速度 × 时间，可用符号表示为 $S=vt$。若速度 v 一定，则路程 S 与时间 t 成正比；若路程 S 一定，则速度 v 与时间 t 成反比。

二、比例

1. 什么叫比例

$6÷2=3$，$12÷4=3$，这两个式子可写成 $6：2=12：4$ 或 $\dfrac{6}{2}=\dfrac{12}{4}$。这样的等式叫作比例式，简称比例。也就是说，在 4 个数 a、b、c、d 中，如果两个数 a 和 b 之比等于另外两个数 c 和 d 之比，我们就说这 4 个数成比例，可写成 $a：b=c：d$ 或 $\dfrac{a}{b}=\dfrac{c}{d}$。其中，$d$ 叫作 a、b、c 的第四比例项。在解题时，经常会遇到已知 a、b、c 而求第四比例项 d 的情况。

2. 比例的基本性质

比例可变为外项积等于内项积的等式。

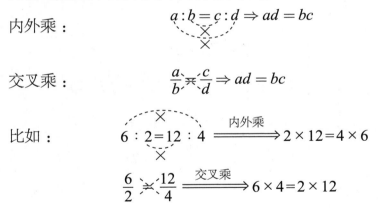

内外乘：　　　　　　$a：b=c：d \Rightarrow ad=bc$

交叉乘：　　　　　　$\dfrac{a}{b} \bowtie \dfrac{c}{d} \Rightarrow ad=bc$

比如：　　　$6：2=12：4 \xrightarrow{\text{内外乘}} 2×12=4×6$

　　　　　　$\dfrac{6}{2} \bowtie \dfrac{12}{4} \xrightarrow{\text{交叉乘}} 6×4=2×12$

3. 求第四比例项和比例中项

当 a、b、c、d 成比例，即 $\dfrac{a}{b}=\dfrac{c}{d}$ 时，则有 $d=\dfrac{bc}{a}$。特别地，当一个数的自乘（平方）等于另外两个数的乘积时，也可以写成比例，此时我们称该数为这两个数的比例中项。

$$b^2=ac \text{，或 } a：b=b：c\text{，或 } \dfrac{a}{b}=\dfrac{b}{c}$$

$$b = \sqrt{ac}$$

4. 比例的变式

$$\frac{a}{b} = \frac{c}{d} \Rightarrow \text{（原式）} \begin{cases} \dfrac{b}{a} = \dfrac{d}{c} & \text{（反比式）} \\[2mm] \dfrac{a}{c} = \dfrac{b}{d}, \ \dfrac{d}{b} = \dfrac{c}{a} & \text{（更比式）} \\[2mm] \dfrac{a+b}{b} = \dfrac{c+d}{d} & \text{（合比式）} \\[2mm] \dfrac{a-b}{b} = \dfrac{c-d}{d} & \text{（分比式）} \end{cases}$$

若 $\dfrac{a}{b} = \dfrac{c}{d} = \dfrac{e}{f}$，则 $\dfrac{a+c+e}{b+d+f} = \dfrac{a}{b}$（等比式）。

下面举一个例子。

$$\frac{6}{2} = \frac{12}{4} \Rightarrow \text{（原式）} \begin{cases} \text{反比：} \dfrac{2}{6} = \dfrac{4}{12} (=\dfrac{1}{3}) \\[2mm] \text{更比：} \dfrac{6}{12} = \dfrac{2}{4} (=\dfrac{1}{2}), \ \dfrac{4}{2} = \dfrac{12}{6} (=2) \\[2mm] \text{合比：} \dfrac{6+2}{2} = \dfrac{12+4}{4} (=4) \\[2mm] \text{分比：} \dfrac{6-2}{2} = \dfrac{12-4}{4} (=2) \end{cases}$$

再看下面的例子。

原式：$\qquad \dfrac{6}{2} = \dfrac{12}{4} = \dfrac{18}{6} \ (=3)$

等比：$\qquad \dfrac{6+12+18}{2+4+6} = \dfrac{36}{12} \ (=3)$

三、比例线段

1. 两条线段的比

两条线段长度的比叫作两条线段的比。

比如，下面两条线段的比可写成 $\dfrac{AB}{CD}=\dfrac{2}{6}$ 或 $\dfrac{CD}{AB}=\dfrac{6}{2}$。

$$A \underline{\qquad} B$$
$$C \underline{\qquad\qquad} D$$

又如，请看下面 4 条线段的比。

$$\dfrac{AB}{CD}=\dfrac{1}{2}$$

$$\dfrac{EF}{GH}=\dfrac{3}{6}$$

$$\dfrac{AB}{CD}=\dfrac{EF}{GH}$$

2．比例线段

在 4 条线段中，如果两条线段的比等于另外两条线段的比，那么就说这 4 条线段成比例，它们称为比例线段。

特别情况：若有 3 条线段，且第一条线段与第二条线段的比等于第二条线段与第三条线段的比，那么就说第二条线段是它们的比例中项。

3．黄金分割

将一条线段分成大小两段，使大线段与小线段的比等于整条线段与大线段的比，这时称对整条线段进行了黄金分割。

如下图所示，点 C 将线段 AB 分为 AC 和 CB 两条线段，且点 C 为黄金分割点，则有 $\dfrac{AC}{CB}=\dfrac{AB}{AC}$，即 $AC^2=AB \cdot CB$。

设 $AB=1$，$AC=x$，则 $\dfrac{x}{1-x}=\dfrac{1}{x}$。下面解一元二次方程 $x^2+x-1=0$。

解：

$$x(x+1)=1$$

$$\left(x+\frac{1}{2}-\frac{1}{2}\right)\left(x+\frac{1}{2}+\frac{1}{2}\right)=1$$

$$\left(x+\frac{1}{2}\right)^2-\left(\frac{1}{2}\right)^2=1$$

$$\left(x+\frac{1}{2}\right)^2=1+\left(\frac{1}{2}\right)^2$$

$$x=\frac{\sqrt{5}-1}{2}\approx 0.618$$

四、数学史中的趣事

除法的符号"÷"是英国的瓦里斯（1616—1703）最初使用的，英国的数学家（如牛顿）就跟着他学了，但这个符号在欧洲大陆没有得到推广。

德国的莱布尼茨（1646—1716）首先使用"："这个符号，现在德国人和法国人仍在使用这个符号。

1557 年，英国数学家列科尔德在论文《智慧的磨刀石》中说："为了避免枯燥地重复 "isaegualleto"（等于）这个单词，我认真地比较了许多图形和记号，觉得世界上再也没有比两条平行且等长的线段的意义更简明的图形和记号了。"于是，他创造了等号 "="。从此，全世界的人都在使用这个符号。

第 2 节 解读三共定理

一、共高定理

我们已经知道一个三角形的面积可用以下公式计算：

三角形面积 = 底 × 高 ÷ 2

如下图所示，字母 S、a、h 分别表示三角形的面积、底和高，则三角形的面积公式可以表示为

$$S = \frac{1}{2}ah$$

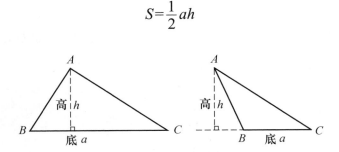

下面我们进一步思考三角形的面积公式（参见张景中所著的《一线串通的初等数学》）。

如下图所示，$\triangle PAM$ 和 $\triangle PBM$ 有共同的高 h，我们称它们为共高三角形。可以看出，两个共高三角形的高是从它们的公共顶点引出的。

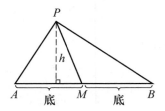

用 S_1 和 S_2 分别表示△PAM和△PBM的面积，则有

$$S_1 = \frac{1}{2}AM \cdot h$$

$$S_2 = \frac{1}{2}BM \cdot h$$

因此，这两个共高三角形的面积之比为

$$\frac{S_1}{S_2} = \frac{\frac{1}{2}AM \cdot h}{\frac{1}{2}BM \cdot h} = \frac{AM}{BM}$$

由此得出共高定理：两个共高三角形的面积之比等于它们的底边之比。

在下图所示的△ABC中，$BD:DC=1:2$，求△ABD的面积 S_1 与△ACD 的面积 S_2 之比。

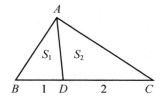

解：由观察可知，△ABD 和△ACD 为共高三角形，所以 $S_1:S_2=$ $BD:DC=1:2$。

体会： 两个共高三角形的图形特点是二者有一个公共顶点，且底边共线（在同一条直线上）。

联想： 由此可得以下结论。

（1）两个共高等底的三角形面积相等。

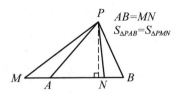

（2）两条平行线间的两个等高同底的三角形面积相等。

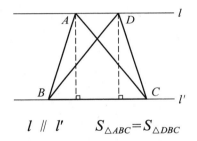

$$l \parallel l' \qquad S_{\triangle ABC} = S_{\triangle DBC}$$

（3）两条平行线间的两个平行四边形的面积之比等于底边之比。

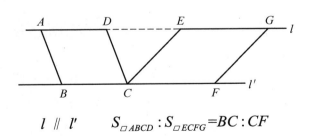

$$l \parallel l' \qquad S_{\square ABCD} : S_{\square ECFG} = BC : CF$$

【例1】 在下图中，$\triangle ABC$ 的面积为 1，$BE = 3AB$，$BD = 2BC$，求 $\triangle BDE$ 的面积。

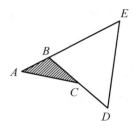

解：先构造出共高三角形，故连接 *CE* 并重新标注，如下图所示。

∵ △*ABC* 与 △*CBE* 共高（二者有公共顶点 *C*）

∴ △*CBE* 的面积 $S_1=3$

又∵ △*CBE* 与 △*CDE* 共高（二者有公共顶点 *E*）

∴ △*CDE* 的面积 $S_2=3$

∴ △*BDE* 的面积为 $S_1+S_2=3+3=6$

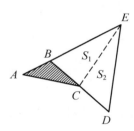

【例2】 在下图中，△*ABC* 被分成甲、乙两部分，*BD*=*DC*=4，*BE*=3，*AE*=6。求 $S_乙:S_甲$。

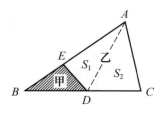

解：连接 AD，观察并运用共高定理。

$\triangle ADE$ 的面积 $S_1=2S_甲$，$\triangle ACD$ 的面积 $S_2=S_1+S_甲=3S_甲$，所以乙的面积 $S_乙=S_1+S_2=5S_甲$，故 $S_乙：S_甲=5：1$。

【例3】 在下图中，$BE=\dfrac{1}{3}BC$，$CD=\dfrac{1}{4}AC$，那么 $\triangle AED$ 的面积是 $\triangle ABC$ 的面积的几分之几？

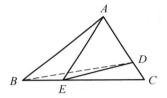

解：连接 BD，设 $S_{\triangle ABC}=1$，则 $S_{\triangle BDC}=\dfrac{1}{4}$，进而可知 $S_{\triangle DEC}=\dfrac{1}{4}\times\dfrac{2}{3}=\dfrac{1}{6}$。又知 $S_{\triangle ABE}=\dfrac{1}{3}$（$\triangle ABE$ 与 $\triangle AEC$ 共高），得 $S_{\triangle AED}=S_{\triangle ABC}-S_{\triangle ABE}-S_{\triangle DEC}=1-\dfrac{1}{3}-\dfrac{1}{6}=\dfrac{1}{2}$。

【例4】 如下图所示，$\triangle ABC$ 的面积是 180 平方厘米，D 是 BC 的中点，AD 是 AE 的 3 倍，EF 是 BF 的 3 倍，那么 $\triangle AEF$ 的面积是多少？

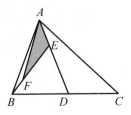

解：观察图形并运用共高定理。

$$S_{\triangle ABD}=180\div2=90\text{（平方厘米）}$$

$$S_{\triangle ABE}=90\times\frac{1}{3}=30\text{（平方厘米）}$$

$$S_{\triangle AEF}=30\times\frac{3}{4}=22.5\text{（平方厘米）}$$

注意：达到一定熟练程度后，解题就要尽量简化。

【例5】 如下图所示，$FC=3AF$，$EC=2BE$，$BD=DF$，$\triangle DEF$ 的面积是3，求 $\triangle ABC$ 的面积。

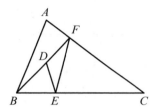

解：已知 $\triangle DEF$ 的面积 $S_{\triangle DEF}$ 为3，则 $S_{\triangle BDE}=3$，$S_{\triangle FEC}=$（3+3）× 2=12，$S_{\triangle BAF}=$（3+3+12）÷3=6，所以 $\triangle ABC$ 的面积 $S_{\triangle ABC}=3+3+6+12=24$。

体会：共高定理可以反过来使用，由线段比求面积比。

【例6】 如下图所示，将 $\triangle ABC$ 的边 BA 延长1倍到点 D，将边 CB 延长2倍到点 E，将边 AC 延长3倍到点 F。若 $S_{\triangle ABC}=1$，求 $S_{\triangle DEF}$。

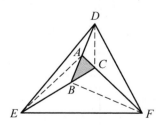

解：连接 DC，可知 $S_{\triangle DCA}=1$，且 $\triangle DCF=3$。

连接 AE，可知 $S_{\triangle ABE}=2$，且 $\triangle AED=2$。

连接 BF，可知 $S_{\triangle BCF}=3$，且 $\triangle BEF=6$。

所以，$S_{\triangle DEF}=1+1+3+2+2+3+6=18$。

【例 7 】　如下图所示，一般四边形被相交的两条对角线分成为 4 个三角形，其面积分别为 $S_{上}$、$S_{下}$、$S_{左}$ 和 $S_{右}$。求证 :$S_{左} \cdot S_{右}=S_{上} \cdot S_{下}$。

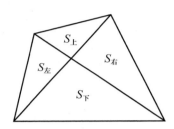

证明：$S_{上}$、$S_{右}$ 对应的三角形为一对共高三角形，$S_{左}$、$S_{下}$ 对应的三角形也是一对共高三角形，而且 $S_{上}$ 和 $S_{左}$ 对应的三角形底边相同，$S_{右}$ 和 $S_{下}$ 对应的三角形底边也相同，所以 $\dfrac{S_{上}}{S_{右}}=\dfrac{S_{左}}{S_{下}} \Rightarrow S_{上} \cdot S_{下}=S_{左} \cdot S_{右}$。

结论：此式可谓（一般）四边形的面积性质，要记住。

推论：在下图中，四边形 $ABCD$ 为梯形，$AB \parallel CD$。

$\because S_{\triangle ADC}=S_{\triangle BDC}$

$\therefore S_{左}=S_{右}$

$\therefore S_{左}^{2}=S_{上} \cdot S_{下}$

$\therefore S_{左}=\sqrt{S_{上} \cdot S_{下}}$

由于 $\triangle AOD$ 和 $\triangle BOC$ 好似蝴蝶的两翼，故而此推论也叫蝴蝶形模式。

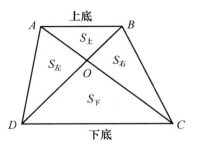

【例8】 下图所示的四边形土地的总面积是 52 公顷，两条对角线把它分成了 4 个小三角形，其中的两个小三角形的面积分别为 6 公顷和 7 公顷，那么最大的三角形的面积是多少?

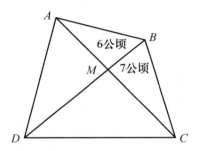

解：因为 △BMA 与 △BMC 共高，所以 $\dfrac{AM}{MB}=\dfrac{6}{7}$。

又因为 △DMC 与 △DMA 共高，所以 $\dfrac{S_{\triangle DMC}}{S_{\triangle DMA}}=\dfrac{7}{6}$，可见 △$DMC$ 是面积最大的三角形。

因为 △ADC 的面积是 $52-6-7=39$（公顷），所以最大的三角形的面积 $S_{\triangle DMC}=39\times\dfrac{7}{6+7}=21$（公顷）。

注意：（1）此题应用了两次共高定理！最简算式为：$(52-6-7)\times$

$\dfrac{7}{6+7}=39\times\dfrac{7}{13}=21$（公顷）。

（2）1 公顷 $=10000$ 平方米 $=10^4$ 平方米，边长为 100 米的正方形的面积是 1 公顷。

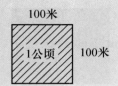

【例9】 如下图所示,四边形 *ABCD* 被对角线 *AC* 和 *BD* 分成了甲、乙、丙、丁 4 个三角形。已知 *AE*=30,*EC*=60,*BE*=80,*ED*=40。丙、丁两个三角形面积之和是甲、乙两个三角形面积之和的几倍?

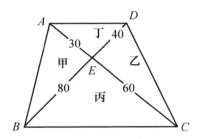

解:利用共高定理可得以下结果。

乙、丁共高(共点 *D*),$\dfrac{S_乙}{S_丁}=\dfrac{60}{30}\Rightarrow S_乙=2S_丁$。

丙、乙共高(共点 *C*),$\dfrac{S_丙}{S_乙}=\dfrac{80}{40}\Rightarrow S_丙=2S_乙=4S_丁$。

甲、丁共高(共点 *A*),$\dfrac{S_甲}{S_丁}=\dfrac{80}{40}\Rightarrow S_甲=2S_丁$。

所以,$\dfrac{S_丙+S_丁}{S_甲+S_乙}=\dfrac{4S_丁+S_丁}{2S_丁+2S_丁}=\dfrac{5S_丁}{4S_丁}=\dfrac{5}{4}$。

注意：（1）解此题时应用了三次共高定理，当然首先要看出哪个三角形与哪个三角形共高。这也算是个基本功吧。

（2）解此题时需要观察出丁的面积最小，这样才有之后的比例计算。

【例10】 如下图所示，一个长方形和一个三角形部分重叠，所形成的3个三角形的面积分别为4、5、11。求长方形的面积。

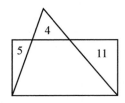

解：将面积为5的直角三角形向右平移并连线，构造梯形，如下图所示。

发现梯形内出现蝴蝶图形，设其两翼的面积均为 S，则 $S^2=4\times(11+5)$，得 $S=2\times4=8$。因此，长方形的面积为 $(5+8+11)\times2=48$。

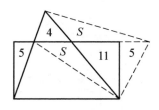

体会：由此题可以看到数学题因具有长长的"推理串"而复杂化。我们的脑中需要记住图形的样子和性质，特别是那些具有形象特征的图形的性质。

【例11】 如下图所示，P 是 $\triangle ABC$ 内的一点，$DE \parallel AB$，$FG \parallel BC$，$HI \parallel CA$，四边形 $PDAI$ 的面积 $S_1=12$，四边形 $PGCH$ 的面积 $S_2=15$，

四边形 $PEBF$ 的面积 $S_3=20$，求 $\triangle ABC$ 的面积。

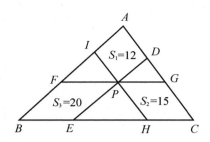

解：因为 $HI \parallel CA$，所以 $\dfrac{PI}{PH}=\dfrac{S_1}{S_2}=\dfrac{12}{15}=\dfrac{4}{5}$。连接 IE 和 FE(见下图)，

可知 $S_{\triangle IEP}=S_{\triangle FEP}=20\div 2=10$。$\triangle EPH$ 与 $\triangle EPI$ 共高，所以 $\dfrac{S_{\triangle EPH}}{10}=\dfrac{5}{4}$，

则 $S_{\triangle EPH}=10\times 5\div 4=\dfrac{25}{2}$。

同理，可以求出 $S_{\triangle PDG}=\dfrac{9}{2}$，$S_{\triangle PFI}=8$。

最后得 $S_{\triangle ABC}=12+15+20+\dfrac{25}{2}+\dfrac{9}{2}+8=72$。

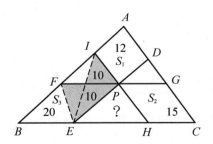

二、共边定理

两个有公共底边的三角形面积之比等于两个顶点的连线（或延长

线）与底边（或延长线）的交点所分的两条线段长度之比。这称为共边定理，对于以下图形，$\dfrac{S_{\triangle PAB}}{S_{\triangle QAB}} = \dfrac{PM}{QM}$。

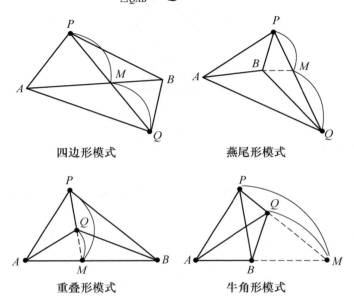

四边形模式　　　　　燕尾形模式

重叠形模式　　　　　牛角形模式

推论：若点 P、Q 在线段 AB 的同侧，那么当 $S_{\triangle PAB} = S_{\triangle QAB}$ 时，PQ（或其延长线）与 AB（或其延长线）不可能相交，即 $PQ \parallel AB$。以上结论称为平行线面积判定法（图略）。

下面介绍共边定理的证明方法。

证法一：如下图所示，$\triangle PAB$ 和 $\triangle PMB$ 共高且有公共顶点 P，所以 $\dfrac{S_{\triangle PAB}}{S_{\triangle PMB}} = \dfrac{AB}{MB}$。$\triangle PMB$ 和 $\triangle QMB$ 共高且有公共顶点 B，故 $\dfrac{S_{\triangle PMB}}{S_{\triangle QMB}} = \dfrac{PM}{QM}$。$\triangle QMB$ 和 $\triangle QAB$ 共高且有公共顶点 Q，所以 $\dfrac{S_{\triangle QMB}}{S_{\triangle QAB}} = \dfrac{MB}{AB}$。因此，

$$\frac{S_{\triangle PAB}}{S_{\triangle QAB}} = \frac{S_{\triangle PAB}}{S_{\triangle PMB}} \cdot \frac{S_{\triangle PMB}}{S_{\triangle QMB}} \cdot \frac{S_{\triangle QMB}}{S_{\triangle QAB}} = \frac{AB}{MB} \cdot \frac{PM}{QM} \cdot \frac{MB}{AB} = \frac{PM}{QM}。$$

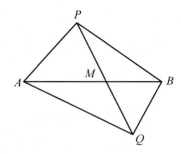

证法二：在 BA 的延长线上取一点 N，使 $MN=AB$，如下图所示。

因为 $\triangle PAB$ 和 $\triangle PMN$ 共高等底，所以 $S_{\triangle PAB}=S_{\triangle PMN}$。同理，可得 $S_{\triangle QAB}=S_{\triangle QMN}$。又因为 $\triangle PMN$ 和 $\triangle QMN$ 共高（有公共顶点 N），所以 $\dfrac{S_{\triangle PAB}}{S_{\triangle QAB}}=\dfrac{S_{\triangle PMN}}{S_{\triangle QMN}}=\dfrac{PM}{QM}$。

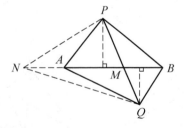

证法三：如下图所示，引垂线 x、y。由于两个相似三角形的对应边成比例，所以 $\dfrac{x}{y}=\dfrac{PM}{QM}$。再根据三角形面积公式和二者共边的条件可知，$\dfrac{S_{\triangle PAB}}{S_{\triangle QAB}}=\dfrac{x}{y}=\dfrac{PM}{QM}$。

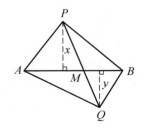

证法四：如下图所示，引垂线作高 h_1、h_2，得到夹角 α。

从三角形面积公式出发，利用内错角或同位角相等及余弦定义，可得

$$\frac{S_{\triangle PAB}}{S_{\triangle QAB}} = \frac{\frac{1}{2}AB \cdot h_1}{\frac{1}{2}AB \cdot h_2} = \frac{PM\cos\alpha}{QM\cos\alpha} = \frac{PM}{QM}$$

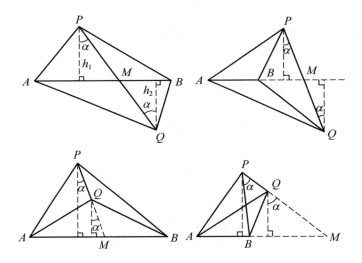

【例1】 如下图所示，$\triangle ABC$ 的两条中线 AD、BE 交于点 M。求证：$AM = 2MD$。

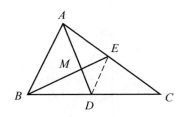

证法一：连接 DE，观察四边形 $ABDE$，它的两条对角线 AD、BE 相交于点 M，$\triangle ABE$ 与 $\triangle DBE$ 有公共底边 BE，故 $\dfrac{S_{\triangle ABE}}{S_{\triangle DBE}}=\dfrac{AM}{MD}$（共边定理）。

观察 $\triangle DBE$ 和 $\triangle CBE$，D 为 BC 的中点，可知 $S_{\triangle DBE}=\dfrac{1}{2}S_{\triangle CBE}$（共高定理）。

所以，$\dfrac{AM}{MD}=\dfrac{S_{\triangle ABE}}{S_{\triangle DBE}}=\dfrac{S_{\triangle ABE}}{\dfrac{1}{2}S_{\triangle CBE}}=\dfrac{2AE}{EC}=2$，即 $AM=2MD$。

证法二：连接 MC，用 Ⅰ、Ⅱ、Ⅲ、Ⅳ 分别表示相应的三角形。

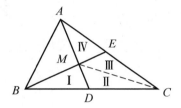

由共高定理可知，$S_{\text{I}}=S_{\text{II}}$，$S_{\text{III}}=S_{\text{IV}}$。又因为 D、E 皆为中点，所以 $S_{\text{I}}+S_{\text{II}}+S_{\text{III}}=S_{\text{II}}+S_{\text{III}}+S_{\text{IV}}$，故 $S_{\text{I}}=S_{\text{IV}}$，即 $S_{\text{I}}=S_{\text{II}}=S_{\text{III}}=S_{\text{IV}}$。

所以，$\dfrac{AM}{MD}=\dfrac{S_{\text{III}}+S_{\text{IV}}}{S_{\text{II}}}=2$，即 $AM=2MD$。

【例2】 如下图所示，正方形 $ABCD$ 的面积是 1，M 是边 AD 的中点，求图中阴影部分的面积 $S_{阴}$。

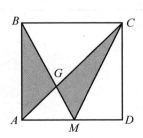

解：因为 $S_{\triangle ABC}=2S_{\triangle AMC}$，故 $S_{\triangle BGC}=2S_{\triangle GMC}$。（注意：$\dfrac{2}{1}=\dfrac{S_{\triangle ABC}}{S_{\triangle AMC}}$

$\xLongequal[AC]{\text{共边}}\dfrac{BG}{GM}\xLongequal[\text{公共顶点}C]{\text{共高}}\dfrac{S_{\triangle BGC}}{S_{\triangle GMC}}$。）于是，$S_{\triangle BGC}=\dfrac{1}{3}S_{\triangle BMC}=\dfrac{1}{3}\times\dfrac{1}{2}=\dfrac{1}{6}$，故

得 $S_{\text{阴}}=2S_{\triangle GMC}=2S_{\triangle BGC}=2\times\dfrac{1}{6}=\dfrac{1}{3}$（蝴蝶的两翼）。

体会：脑中要有共边定理的四边形模式的形
象，才能在题图中将其辨认出来（见右图），写出

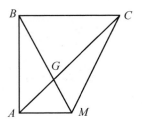

比例式 $\dfrac{S_{\triangle ABC}}{S_{\triangle AMC}}=\dfrac{BG}{GM}$ 且会用语言叙述（两个有公共
底边的三角形面积之比等于两个顶点的连线与公
共底的交点所分的两条线段长度之比）。

【**例3**】 如下图所示，正方形 $ABCD$ 的边长为4，$DF=1$，$BE=2$，
求 $S_{\triangle AGF}$。

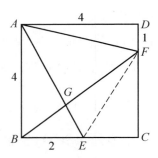

解法一：关键是求出 $\dfrac{GF}{BF}$。由共边定理（四边形模式）得 $\dfrac{GF}{BG}=\dfrac{S_{\triangle AEF}}{S_{\triangle ABE}}$

$=\dfrac{S_{\text{四边形}ADCE}-S_{\triangle ADF}-S_{\triangle CEF}}{4}=\dfrac{12-2-3}{4}=\dfrac{7}{4}$，故 $\dfrac{GF}{BF}=\dfrac{7}{11}$（$\dfrac{GF}{BG}=\dfrac{7}{4}\xRightarrow{\text{合比}}$

$\dfrac{GF}{BG+GF}=\dfrac{7}{4+7}$）。所以，$S_{\triangle AGF}=S_{\triangle ABF}\times\dfrac{GF}{BF}=8\times\dfrac{7}{11}=\dfrac{56}{11}$（$S_{\triangle ABF}=4\times$

$4 \times \dfrac{1}{2} = 8$)。

解法二：作 $EM \parallel CD$ 交 BF 于点 M（见下图），易知 $EM = \dfrac{1}{2}FC = \dfrac{3}{2}$，$\triangle MEG \backsim \triangle BAG$，则 $\dfrac{ME}{AB} = \dfrac{MG}{BG} = \dfrac{3}{8}$。因为 $BC=4$，$FC=3$，所以 $BF=5$，则 $BM = \dfrac{5}{2}$。因此，$BG = \dfrac{8}{11}BM = \dfrac{8}{11} \times \dfrac{5}{2} = \dfrac{20}{11}$，$GF = 5 - \dfrac{20}{11} = \dfrac{35}{11}$。所以，$\dfrac{GF}{BG} = \dfrac{7}{4}$，即 $\dfrac{S_{\triangle AGF}}{S_{\triangle ABG}} = \dfrac{7}{4}$，$\dfrac{S_{\triangle AGF}}{S_{\triangle ABF}} = \dfrac{7}{11}$。因此，$S_{\triangle AGF} = \dfrac{56}{11}$。

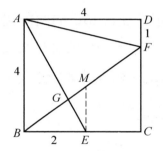

【**例 4**】 如下图所示，P 是 $\triangle ABC$ 内任一点，AP 交 BC 于点 D，BP 交 AC 于点 E，CP 交 AB 于点 F，则有 $\dfrac{AF}{FB} \cdot \dfrac{BD}{DC} \cdot \dfrac{CE}{EA} = 1$。

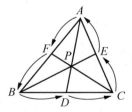

证明：这里应用共边定理。

$$\dfrac{AF}{FB} \xrightarrow[PC]{\text{共边}} \dfrac{S_{\triangle PAC}}{S_{\triangle PBC}}$$

$$\frac{BD}{DC} \xlongequal[PA]{\text{共边}} \frac{S_{\triangle PAB}}{S_{\triangle PAC}}$$

$$\frac{CE}{EA} \xlongequal[PB]{\text{共边}} \frac{S_{\triangle PBC}}{S_{\triangle PAB}}$$

$$\frac{AF}{FB} \cdot \frac{BD}{DC} \cdot \frac{CE}{EA} = \frac{S_{\triangle PAC}}{S_{\triangle PBC}} \cdot \frac{S_{\triangle PAB}}{S_{\triangle PAC}} \cdot \frac{S_{\triangle PBC}}{S_{\triangle PAB}} = 1$$

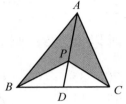

燕尾形模式

该例题所证明的结论就是塞瓦定理，这里用到了燕尾形模式，如右图所示。

【例5】 如右图所示，在 $\triangle ABC$ 的两条边 AB、AC 上分别取一点 P、Q，PQ 与 BC 的延长线交于点 R。求证：$\dfrac{AP}{PB} \cdot \dfrac{BR}{RC} \cdot \dfrac{CQ}{QA} = 1$（梅涅劳斯定理）。

证明： 这里应用共边定理。

$$\frac{AP}{PB} \xlongequal[\text{有公共顶点} Q]{\text{共高}} \frac{S_{\triangle APQ}}{S_{\triangle BPQ}}$$

$$\frac{BR}{RC} \xlongequal[PQ]{\text{共边}} \frac{S_{\triangle BPQ}}{S_{\triangle CPQ}}$$

$$\frac{CQ}{QA} \xlongequal[\text{有公共顶点} P]{\text{共高}} \frac{S_{\triangle CPQ}}{S_{\triangle APQ}}$$

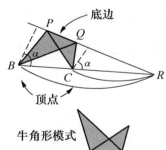

牛角形模式

$$\frac{AP}{PB} \cdot \frac{BR}{RC} \cdot \frac{CQ}{QA} = \frac{S_{\triangle APQ}}{S_{\triangle BPQ}} \cdot \frac{S_{\triangle BPQ}}{S_{\triangle CPQ}} \cdot \frac{S_{\triangle CPQ}}{S_{\triangle APQ}} = 1$$

【例6】 如下图所示，$BD = 2DC$，$AE = 3ED$，$FC = 7$，求 AF。

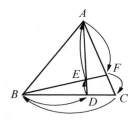

解：由点 A 开始画闭合箭头线，由梅涅劳斯定理可得 $\dfrac{AF}{FC} \cdot$ $\dfrac{CB}{BD} \cdot \dfrac{DE}{EA} = 1$，则 $AF = 2 \times 7 = 14$。

【例 7】 如下图所示，四边形 $ABCD$ 为正方形，图中所标注的数值的单位是厘米，求阴影部分的面积 $S_{阴}$。

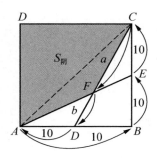

解：连接 AC，画闭合箭头线。由梅涅劳斯定理可得 $\dfrac{a}{b} \cdot \dfrac{10}{20} \cdot \dfrac{10}{10} = 1$，即 $a = 2b$。$S_{\triangle ABC} = 20 \times 20 \times \dfrac{1}{2} = 200$（平方厘米），$S_{\triangle ACD} = \dfrac{1}{2} \times 200 = 100$（平方厘米），所以 $S_{\triangle ACF} = 100 \times \dfrac{2}{3} = 66\dfrac{2}{3}$（平方厘米），$S_{阴} = 200 + 66\dfrac{2}{3} = 266\dfrac{2}{3}$（平方厘米）。

【例 8】 如下图所示，$\triangle ABC$ 的面积是 1，$BE = 2EC$，F 是 CD 的中点，求阴影部分的面积 $S_{阴}$。

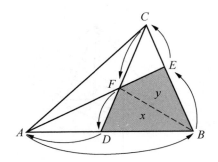

解：先画闭合箭头线，然后运用梅涅劳斯定理，可得 $\dfrac{AD}{AB} \cdot \dfrac{BE}{EC} \cdot \dfrac{CF}{FD} = 1$，即 $AB = 2AD$。

连接 BF，用 x、y 分别表示 $\triangle BDF$ 和 $\triangle BEF$ 的面积，则有 $S_{阴} = x + y$。

$$\begin{cases} 2x + y = \dfrac{2}{3} & \text{①} \\ x + \dfrac{3y}{2} = \dfrac{1}{2} & \text{②} \end{cases}$$

由式② $\times 2 -$ 式①，得

$$2y = \frac{1}{3}, \quad \text{即} \quad y = \frac{1}{6}$$

将 y 的值代入式①，得 $2x = \dfrac{1}{2}$，即 $x = \dfrac{1}{4}$。所以，$S_{阴} = x + y = \dfrac{1}{4} + \dfrac{1}{6} = \dfrac{6+4}{24} = \dfrac{5}{12}$。

三、共角定理

两个共角三角形的面积之比等于共角的两对夹边长度的乘积之比。

共角是指两个三角形中有相等或互补的角。

对于下图，有 $\dfrac{S_{\triangle ABC}}{S_{\triangle A'B'C'}}=\dfrac{AB \cdot BC}{A'B' \cdot B'C'}$。

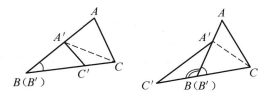

证明： 连接 $A'C$，经观察可知 $\angle B=\angle B'$，或 $\angle B+\angle B'=180°$。

$$\dfrac{S_{\triangle ABC}}{S_{\triangle A'B'C}} \xlongequal[\text{有公共顶点 } C]{\text{共高}} \dfrac{AB}{A'B'}\ ,\quad \dfrac{S_{\triangle A'B'C}}{S_{\triangle A'B'C'}} \xlongequal[\text{有公共顶点 } A']{\text{共高}} \dfrac{BC}{B'C'}$$

$$\dfrac{S_{\triangle ABC}}{S_{\triangle A'B'C'}}=\dfrac{S_{\triangle ABC}}{S_{\triangle A'B'C}} \cdot \dfrac{S_{\triangle A'B'C}}{S_{\triangle A'B'C'}}=\dfrac{AB \cdot BC}{A'B' \cdot B'C'}$$

【例 1】 如下图所示，四边形 $ABCD$ 和 $AEFG$ 都是正方形。求证：$S_{\triangle ABG}=S_{\triangle ADE}$。

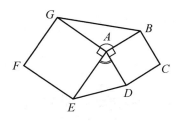

证明： 这里需要用到共角定理。

$\because \angle BAG+\angle DAE=180°$

$\therefore \dfrac{\triangle ABG}{\triangle ADE}=\dfrac{AB \cdot AG}{AD \cdot AE}=1$

$$\therefore S_{\triangle ABG}= S_{\triangle ADE}$$

【例2】 在下图中，AD 是 $\triangle ABC$ 的一个角的平分线，$\angle 1=\angle 2$。求证：$BD:DC=AB:AC$。

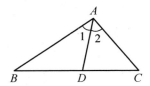

证明：因为 $\triangle ABD$ 与 $\triangle ACD$ 共高，所以 $\dfrac{BD}{DC}=\dfrac{S_{\triangle ABD}}{S_{\triangle ACD}}$（共高定理）。已知 $\angle 1=\angle 2$，由共角定理可知 $\dfrac{S_{\triangle ABD}}{S_{\triangle ACD}}=\dfrac{AB\cdot AD}{AD\cdot AC}=\dfrac{AB}{AC}$，故得 $BD:DC=AB:AC$。

因此，三角形的内角平分线把对边分成的两条线段与该角的两条夹边成比例。

【例3】 如下图所示，设 AM 是 $\triangle ABC$ 的一条中线，任作一条直线分别交 AB、AC、AM 于点 P、Q、N。求证：$\dfrac{AM}{AN}=\dfrac{1}{2}\left(\dfrac{AC}{AQ}+\dfrac{AB}{AP}\right)$，即 $\dfrac{AC}{AQ}$、$\dfrac{AM}{AN}$、$\dfrac{AB}{AP}$ 三者构成等差数列。

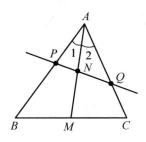

证明：$S_{\triangle ABM}= S_{\triangle ACM}=\dfrac{1}{2}S_{\triangle ABC}$（$M$ 为 BC 的中点）

$$\frac{AP \cdot AQ}{AB \cdot AC} \xupcal{共角}{\angle BAC} \frac{S_{\triangle APQ}}{S_{\triangle ABC}} = \frac{S_{\triangle APN} + S_{\triangle AQN}}{S_{\triangle ABC}} = \frac{1}{2}\left(\frac{S_{\triangle APN}}{S_{\triangle ABM}} + \frac{S_{\triangle AQN}}{S_{\triangle ACM}}\right)$$

$$\xupcal{共角}{\angle 1,\ \angle 2} \frac{1}{2}\left(\frac{AP \cdot AN}{AB \cdot AM} + \frac{AQ \cdot AN}{AC \cdot AM}\right)$$

$$= \frac{1}{2}\left(\frac{AP}{AB} + \frac{AQ}{AC}\right) \cdot \frac{AN}{AM}$$

$$\frac{AM}{AN} = \frac{1}{2}\left(\frac{AP}{AB} + \frac{AQ}{AC}\right) \times \frac{AB \cdot AC}{AP \cdot AQ}$$

$$= \frac{1}{2}\left(\frac{AC}{AQ} + \frac{AB}{AP}\right)$$

【例 4】　如下图所示，设 $\triangle ABC$ 的两条边 AB、AC 的中点分别为

M 和 N。求证：$MN \parallel BC$，$MN = \dfrac{1}{2}BC$。

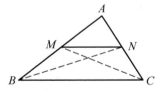

证明：连接 BN、CM。

∵ $\triangle AMN$ 与 $\triangle ABN$ 共高（有公共顶点 N）

∴ $\dfrac{S_{\triangle AMN}}{S_{\triangle ABN}} = \dfrac{AM}{AB} = \dfrac{1}{2}$

又∵ $\triangle AMN$ 与 $\triangle AMC$ 共高（有公共顶点 M）

∴ $\dfrac{S_{\triangle AMN}}{S_{\triangle AMC}} = \dfrac{AN}{AC} = \dfrac{1}{2}$

∴ $S_{\triangle BMN} = S_{\triangle CMN}$ 且点 B、C 在 MN 的同侧

$\therefore MN \parallel BC$（平行线面积判定法）

$\because MN \parallel BC$

$\therefore \angle AMN = \angle ABC$（两直线平行，同位角相等）

由共角定理得：

$$\frac{BC}{MN} = \frac{BC \cdot BM}{MN \cdot MA} = \frac{S_{\triangle MBC}}{S_{\triangle AMN}} = \frac{S_{\triangle AMC}}{S_{\triangle AMN}} = \frac{AC}{AN} = 2$$

即

$$MN = \frac{1}{2} BC$$

结论：三角形的两条边的中点的连线平行于第三边，而且前者的长度是后者的一半。这条结论称为三角形中位线定理。

【例5】 如下图所示，$\triangle ABC$ 的面积为 100，D、E、F 分别是三条边的中点，P、Q 为 DF 上的两点，AP、AQ 分别交 DE、EF 于点 G、H，BH 与 CG 相交于点 R。又知 $\triangle ADP$、$\triangle AFQ$ 与 $\triangle RBC$ 的面积之和为 36，求五边形 $PQHRG$ 的面积。

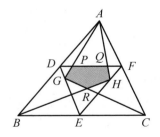

解：由于 D、E、F 是三条边的中点，所以 $S_{\triangle ADF} = \frac{1}{4} S_{\triangle ABC} = 100 \times \frac{1}{4} = 25$，则 $S_{\triangle APQ} = 25 - S_{\triangle ADP} - S_{\triangle AFQ}$。

由于 EF 是 $\triangle ABC$ 的中位线，所以 $EF \parallel AB$，$EF = \frac{1}{2} AB$，因此

$$S_{\triangle AGC}=\frac{1}{2}S_{\triangle ABC}。$$

同理，$S_{\triangle AHB}=\frac{1}{2}S_{\triangle ABC}。$ 所以，$S_{\triangle AGC}+S_{\triangle AHB}=S_{\triangle ABC}。$

经观察可知△AGC 和△AHB 因重叠而产生空隙（即△RBC），所以 $S_{AGRH}=S_{\triangle RBC}。$

已知 $S_{\triangle ADP}+S_{\triangle AFQ}+S_{\triangle RBC}=36$，又知 $S_{\triangle APQ}=25-S_{\triangle ADP}-S_{\triangle AFQ}$，故五边形 PQHRG 的面积 $S=S_{\triangle RBC}-S_{\triangle APQ}=S_{\triangle RBC}-（25-S_{\triangle ADP}-S_{\triangle AFQ}）=S_{\triangle RBC}+S_{\triangle ADP}+S_{\triangle AFQ}-25=36-25=11。$

【例 6】 如下图所示，$\angle A=\angle DEC$，$DC=BC$，$DE=6$，求 AB。

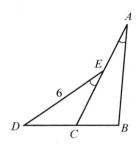

解法一： $\because \angle A=\angle DEC$

$\therefore \dfrac{S_{\triangle ABC}}{S_{\triangle EDC}}=\dfrac{AB\cdot AC}{DE\cdot EC}$（共角定理）　　　　　①

又 $\because \angle ECD+\angle ECB=180°$

$\therefore \dfrac{S_{\triangle ABC}}{S_{\triangle EDC}}=\dfrac{AC\cdot BC}{DC\cdot EC}$　　　　　②

又 $\because DC=BC$

$\therefore \dfrac{AB\cdot AC}{DE\cdot EC}=\dfrac{AC\cdot BC}{DC\cdot EC}=\dfrac{AC}{EC}$

$\therefore AB=DE=6$

解法二：延长 DE 交 AB 于点 F（见右图）。

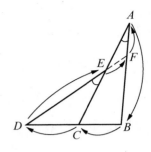

$\because \angle DEC = \angle AEF = \angle A$

$\therefore EF = FA$

由梅涅劳斯定理得

$$\frac{DE}{EF} \cdot \frac{FA}{AB} \cdot \frac{BC}{DC} = 1$$

$\therefore AB = DE = 6$

【例 7】 如右图所示，在长方形 $ABCD$ 中，$AB=4$，$BC=6$，E 为 BC 的中点。将 $\triangle ABE$ 沿 AE 折叠，使点 B 落在长方形内的点 F 上，连接 CF。求 $\triangle CDF$ 的面积。

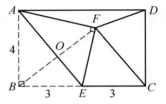

解法一：连接 BF。

$\because \angle ABE = \angle AFE = 90°$

$\therefore \angle BAF + \angle BEF = 180°$

$\therefore \dfrac{S_{\triangle BAF}}{S_{\triangle BEF}} = \dfrac{AB \cdot AF}{BE \cdot EF} = \dfrac{16}{9}$（共角定理）

$\therefore S_{\triangle BAF} + S_{\triangle BEF} = 2S_{\triangle ABE} = 12$

$\therefore S_{\triangle BAF} = 12 \times \dfrac{16}{25}$

$\therefore S_{\triangle CDF} = \dfrac{1}{2} S_{长方形 ABCD} - S_{\triangle BAF}$

$$= 12 - 12 \times \frac{16}{25} = 4.32$$

解法二：根据图形折叠的性质可知，$AB=AF=4$，$BE=3$，$\angle ABE = \angle AFE = 90°$。所以，$AE=5$。连接 BF，显然 AE 是 BF 的中垂线，则筝形 $ABEF$ 的面积 S 等于 $\triangle ABE$ 的面积的 2 倍，又等于 AE 与

BF 的乘积的一半,即 $S=2 \times \frac{1}{2} \times 4 \times 3 = \frac{1}{2} \times 5 \times BF$。因此,$BF = \frac{24}{5}$,进而可知 $BO=FO=\frac{12}{5}$。根据勾股定理,可以求出 $AO=\frac{16}{5}$,所以 $S_{\triangle ABF} = \frac{1}{2} \times BF \times AO = \frac{1}{2} \times \frac{24}{5} \times \frac{16}{5} = \frac{192}{25} = 7.68$。因此,$S_{\triangle CDF} = \frac{1}{2} S_{长方形 ABCD} - S_{\triangle ABF} = 12 - 7.68 = 4.32$。

【例 8】 如下图所示,$\angle ABC = \angle ACB$,求证 $AB = AC$。

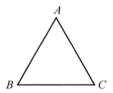

证明:已知 $\angle ABC = \angle ACB$,由共角定理可得 $1 = \dfrac{S_{\triangle ABC}}{S_{\triangle ACB}} = \dfrac{AB \cdot BC}{AC \cdot BC} = \dfrac{AB}{AC}$,即 $AB = AC$。

这个结论可表述为:在三角形中,等角对等边。

【例 9】 如下图所示,$\triangle ABC$ 的边 BC 上有 D、E 两点,$\angle BAD = \angle CAE$,$BD = CE$。求证:$AB = AC$,$AD = AE$。

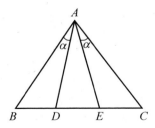

证明:由题设得 $S_{\triangle ABD} = S_{\triangle ACE}$,$S_{\triangle ABE} = S_{\triangle ACD}$。由共角定理得 $\dfrac{AB \cdot AD}{AC \cdot AE} = \dfrac{S_{\triangle ABD}}{S_{\triangle ACE}} = 1 = \dfrac{S_{\triangle ACD}}{S_{\triangle ABE}} = \dfrac{AC \cdot AD}{AB \cdot AE}$,故 $\dfrac{AB}{AC} = \dfrac{AC}{AB}$,即 $AB = AC$,$AD = AE$。

【例 10】 如下图所示，在 $\triangle ABC$ 和 $\triangle XYZ$ 中，$\angle A = \angle X$，$\angle B = \angle Y$。求证：$\dfrac{AB}{XY} = \dfrac{BC}{YZ} = \dfrac{AC}{XZ}$。

证明： 由题设和三角形内角和定理可得 $\angle C = \angle Z$。用共角定理三次，得 $\dfrac{S_{\triangle ABC}}{S_{\triangle XYZ}} = \dfrac{BC \cdot AC}{YZ \cdot XZ} = \dfrac{AB \cdot BC}{XY \cdot YZ} = \dfrac{AB \cdot AC}{XY \cdot XZ}$。化简后得 $\dfrac{AC}{XZ} = \dfrac{AB}{XY}$，$\dfrac{BC}{YZ} = \dfrac{AC}{XZ}$，即 $\dfrac{AB}{XY} = \dfrac{BC}{YZ} = \dfrac{AC}{XZ}$。

该结论可表述为：若两个三角形中有两对角分别相等，则它们的三条边成比例。这样的两个三角形称为相似三角形，其对应边之比称为相似比。

【例 11】 求证：相似三角形的面积比等于其相似比的平方。沿用上例的条件和记号，即要求证明 $\dfrac{S_{\triangle ABC}}{S_{\triangle XYZ}} = \left(\dfrac{AB}{XY}\right)^2$。

证明： 将 $\dfrac{AC}{XZ} = \dfrac{AB}{XY}$ 代入 $\dfrac{S_{\triangle ABC}}{S_{\triangle XYZ}} = \dfrac{AB \cdot AC}{XY \cdot XZ}$，即得所要等式。

【例 12】 如下图所示，设 CD 是直角三角形 ABC 的斜边 AB 上的高。求证：$CD^2 = AD \cdot BD$，$BC^2 = AB \cdot BD$。

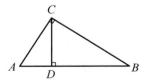

证明： 由 $\angle A = \angle BCD$ 和 $\angle B = \angle ACD$，对 $\triangle BCD$ 和 $\triangle ACD$ 应用共角定理，可得 $\dfrac{S_{\triangle BCD}}{S_{\triangle ACD}} = \dfrac{BC \cdot BD}{AC \cdot CD} = \dfrac{BC \cdot CD}{AC \cdot AD}$。化简后得 $\dfrac{BD}{CD} = \dfrac{CD}{AD}$，即 $CD^2 =$

$AD \cdot BD$。

由 $\angle CDB = \angle ACB$ 和 $\angle A = \angle BCD$，对 $\triangle BCD$ 和 $\triangle ABC$ 应用共角定理，可得 $\dfrac{S_{\triangle BCD}}{S_{\triangle ABC}} = \dfrac{CD \cdot BD}{AC \cdot BC} = \dfrac{CD \cdot BC}{AC \cdot AB}$。化简后得 $\dfrac{BD}{BC} = \dfrac{BC}{AB}$，即 $BC^2 = AB \cdot BD$。

该例题所证明的结论就是射影定理。

【例 13】 如下图所示，设直角三角形 ABC 的斜边为 AB，CD 垂直于 AB。求证：$AB^2 = AC^2 + BC^2$。

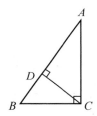

证明：$S_{\triangle ABC} = S_{\triangle ACD} + S_{\triangle BCD}$。由 $\angle A = \angle BCD$ 和 $\angle B = \angle ACD$，应用共角定理，并注意有面积关系 $AB \cdot CD = AC \cdot BC$，可得 $1 = \dfrac{S_{\triangle ACD}}{S_{\triangle ABC}} +$

$\dfrac{S_{\triangle BCD}}{S_{\triangle ABC}} = \dfrac{AC \cdot CD}{AB \cdot BC} + \dfrac{BC \cdot CD}{AB \cdot AC} = \dfrac{AC}{AB \cdot BC} \cdot \dfrac{AC \cdot BC}{AB} + \dfrac{BC}{AB \cdot AC} \cdot \dfrac{AC \cdot BC}{AB} = \dfrac{AC^2 \cdot BC^2}{AB^2}$。

该例题所证明的结论就是勾股定理。

【例 14】 如下图所示，P 是 $\triangle ABC$ 内任一点，AP 交 BC 于点 D，BP 交 AC 于点 E，CP 交 AB 于点 F，求 $\dfrac{AP}{AD} + \dfrac{BP}{BE} + \dfrac{CP}{CF}$。

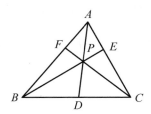

解：适当转换后应用共边定理。

$$\frac{AP}{AD}+\frac{BP}{BE}+\frac{CP}{CF}=\frac{AD-PD}{AD}+\frac{BE-PE}{BE}+\frac{CF-PF}{CF}$$

$$=3-\left(\frac{PD}{AD}+\frac{PE}{BE}+\frac{PF}{CF}\right)=3-\frac{S_{\triangle PBC}}{S_{\triangle ABC}}+\frac{S_{\triangle PAC}}{S_{\triangle ABC}}+\frac{S_{\triangle PAB}}{S_{\triangle ABC}}$$

$$=3-\frac{S_{\triangle ABC}}{S_{\triangle ABC}}=3-1=2 \text{（重叠形模式）。}$$

【例 15】 在下图中，三条平行线与两条直线分别交于点 A、B、C 和 P、Q、R。求证：$\dfrac{AB}{BC}=\dfrac{PQ}{QR}$。

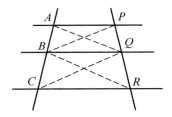

证明：连接 AQ、BP、BR、CQ。由共高定理和平行线的面积关系可得 $\dfrac{AB}{BC}=\dfrac{S_{\triangle ABQ}}{S_{\triangle BCQ}}=\dfrac{S_{\triangle PBQ}}{S_{\triangle BRQ}}=\dfrac{PQ}{QR}$。（注：由共边等高可得 $S_{\triangle ABQ}=S_{\triangle PBQ}$，$S_{\triangle BCQ}=S_{\triangle BRQ}$。）

该例题证明的结论就是平行截割定理。

【例 16】 如下图所示，$\triangle ABC$ 的两条边 AB、AC 的中点分别为 M 和 N，两条中线 BN 和 CM 交于点 G，AG 交 BC 于点 D。求证：D 为 BC 的中点，且 $AG=2GD$。

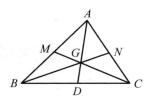

证明: 由共边定理(燕尾形模式)得 $\dfrac{S_{\triangle BAG}}{S_{\triangle BCG}}=\dfrac{AN}{CN}=1$,$\dfrac{S_{\triangle CAG}}{S_{\triangle BCG}}=\dfrac{AM}{BM}=1$。

可见 $S_{\triangle BAG}=S_{\triangle BCG}=S_{\triangle CAG}=\dfrac{1}{3}S_{\triangle ABC}$。 再由共边定理与共高定理得

$$\dfrac{DB}{DC}=\dfrac{S_{\triangle BAG}}{S_{\triangle CAG}}=1,\quad \dfrac{AG}{GD}=\dfrac{S_{\triangle BAG}}{S_{\triangle BDG}}=\dfrac{S_{\triangle BCG}}{S_{\triangle BDG}}=\dfrac{BC}{BD}=2。$$

该例题证明的结论就是重心定理。

【例 17】 求证:任意三角形的三条高共点。

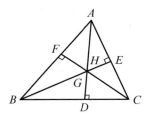

证明: 如下图所示,设 AD、BE 交于点 G,AD、CF 交于点 H。只

要证明点 G 和 H 重合,也就是 $\dfrac{AG}{GD}=\dfrac{AH}{HD}$ 即可。注意到 $\angle ABE=\angle ACF$,

$\angle DCF=\angle BAD$,$\angle CAD=\angle DBE$,由共边定理、共角定理和共高定理得

$$\dfrac{AG}{GD}\cdot\dfrac{HD}{AH}=\dfrac{S_{\triangle ABE}}{S_{\triangle DBE}}\cdot\dfrac{S_{\triangle DCF}}{S_{\triangle ACF}}=\dfrac{S_{\triangle ABE}}{S_{\triangle ACF}}\cdot\dfrac{S_{\triangle DCF}}{S_{\triangle ABD}}\cdot\dfrac{S_{\triangle ABD}}{S_{\triangle ACD}}\cdot\dfrac{S_{\triangle ACD}}{S_{\triangle DBE}}=\dfrac{AB\cdot BE}{AC\cdot CF}\cdot\dfrac{CD\cdot CF}{AB\cdot AD}\cdot$$

$$\dfrac{BD}{CD}\cdot\dfrac{AC\cdot AD}{BD\cdot BE}=1。$$

该例题证明的结论就是垂心定理。

第3节　练习与提高

（1）如下图所示，把 △ABC 的边 AB 延长 1 倍到点 D，把另一条边延长 2 倍到点 E，求 $\dfrac{S_{\triangle ADE}}{S_{\triangle ABC}}$。

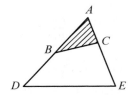

（2）如下图所示，AB 是 AD 的 3 倍，AC 是 AE 的 5 倍，那么 △ABC 的面积是 △ADE 的面积的几倍？

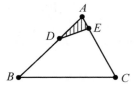

（3）如下图所示，△ABC 的面积为 1，AE 是 AB 的 3 倍，C 是 BD 的中点，求 △BDE 的面积。

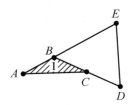

（4）如下图所示，$BE=3AB$，$BD=3BC$，$\triangle BDE$ 的面积是 135，求 $\triangle ABC$ 的面积。

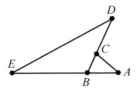

（5）如下图所示，在边长为 96 厘米的正方形 $ABCD$ 中，BC 上的 E、F、G 为 3 个等分点，对角线 AC 被四等分，M、N、P 为等分点，求 $\triangle GMN$ 的面积。

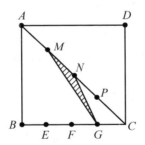

（6）如下图所示，$AD=\dfrac{1}{3}AB$，$BE=\dfrac{1}{4}BC$，$FC=\dfrac{1}{5}AC$。如果 $\triangle DEF$ 的面积是 19 平方厘米，那么 $\triangle ABC$ 的面积是多少？

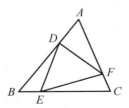

（7）如下图所示，长方形 $ADEF$ 的面积是 16，$\triangle ABD$ 的面积是 3，

△*ACF* 的面积是 4，那么 △*ABC* 的面积是多少？

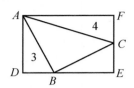

（8）如下图所示，*DC*＝2*DB*，*AE*＝*ED*，△*ABC* 的面积是 1，求阴影部分的面积。

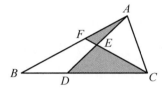

（9）如下图所示，直角三角形的三条边分别为 5 厘米、12 厘米、13 厘米。现将它的短直角边对折到斜边上去与斜边重合，那么图中阴影部分（即未被盖住的部分）的面积是多少？

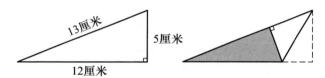

（10）在下图所示的正方形 *ABCD* 中，*E* 是边 *BC* 的中点，*AF*：*FB*＝2：1，三角形 Ⅰ、Ⅱ、Ⅲ 的面积之和是 $\frac{1}{4}$，Ⅱ、Ⅲ、Ⅳ 的面积之和是 $\frac{1}{6}$，求三角形 Ⅰ、Ⅱ、Ⅲ、Ⅳ 的面积之和。

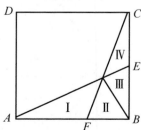

（11）如下图所示，正方形 $ABCD$ 的面积是 1，M 是 AD 的中点，求图中阴影部分的面积。

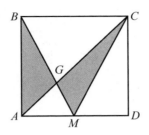

（12）在下图所示的长方形 $AHDC$ 中，AB、DE 相交于点 G，AF、FE、EC 都等于 3，DB、BC 都等于 4，求阴影部分的面积。

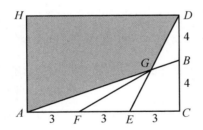

（13）在下图中，四边形 $ABCD$ 的两条对角线相交于点 E，$\triangle AEB$ 的面积为 6，$\triangle CED$ 的面积是 24，$\triangle AED$ 的面积与 $\triangle BEC$ 的面积相等，那么 $\triangle AED$ 的面积是多少？

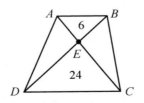

（14）如下图所示，正方形 $ABCD$ 的面积是 1，M 是 AD 的中点，$MG：GB=1：2$，求图中阴影部分的面积。

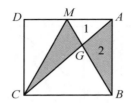

（15）如下图所示，长方形被分成为四部分，其中三部分的面积分别为 2、6、8，求阴影部分的面积。

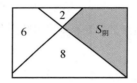

（16）如下图所示，$ABCD$ 是长方形，图中的数字是其所在部分的面积，那么图中阴影部分的面积是多少？

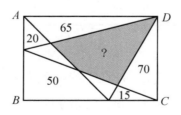

（17）在下图中，$AE=\dfrac{1}{5}AC$，$CD=\dfrac{1}{4}BC$，$BF=\dfrac{1}{6}AB$，求 $\dfrac{S_{\triangle DEF}}{S_{\triangle ABC}}$。

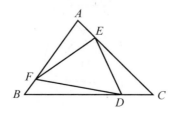

（18）如下图所示，用面积分别为2、3、5、7的4个三角形拼成一个大三角形，那么△*BEF*的面积是多少?

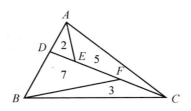

（19）如下图所示，长方形*ABCD*的面积是4，*EC*=3*ED*，*F*是*DG*的中点，求阴影部分的面积。

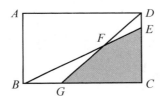

习题解答

（1）6。

（2）15。

（3）4。

（4）15。

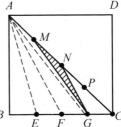

（5）如右图所示，连接*AE*、*AF*、*AG*，可知

△*GMN*的面积为$96 \times 96 \times \frac{1}{2} \times \frac{1}{4} \times \frac{1}{4} = 288$（平方厘米）。

（6）如右图所示，连接*AE*，并进行观

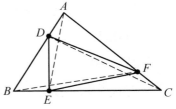

察。由 $\triangle AEB$ 与 $\triangle AEC$ 共高得 $S_{\triangle AEB} = \dfrac{1}{4} S_{\triangle ABC}$，由 $\triangle EDB$ 与 $\triangle EDA$ 共

高得 $S_{\triangle EDB} = \dfrac{2}{3} S_{\triangle AEB}$。所以，$S_{\triangle EDB} = \dfrac{2}{3} \times \dfrac{1}{4} S_{\triangle ABC} = \dfrac{1}{6} S_{\triangle ABC}$。

连接 BF。同理，$S_{\triangle EFC} = \dfrac{3}{4} \times \dfrac{1}{5} S_{\triangle ABC} = \dfrac{3}{20} S_{\triangle ABC}$。

连接 CD。同理，$S_{\triangle ADF} = \dfrac{4}{5} \times \dfrac{1}{3} S_{\triangle ABC} = \dfrac{4}{15} S_{\triangle ABC}$。

所以，$S_{\triangle DEF} = \left(1 - \dfrac{1}{6} - \dfrac{3}{20} - \dfrac{4}{15} \right) S_{\triangle ABC} = \dfrac{5}{12} S_{\triangle ABC}$，$S_{\triangle ABC} = 19 \div \dfrac{5}{12} = 45\dfrac{3}{5}$。

（7）连接 AE，如右图所示。$S_{\triangle AEF} = 16 \div 2 = 8$，$S_{\triangle AEC} = 8 - 4 = 4$。

根 据 共 高 定 理 得 $FC = CE$。$S_{\triangle AEB} = 8 - 3 = 5$， 所

以 $\dfrac{BE}{BD} = \dfrac{5}{3}$， 则 $S_{\triangle BCE} = \dfrac{5}{8} S_{\triangle AFC} = \dfrac{5}{8} \times 4 = \dfrac{5}{2}$。 因 此，

$S_{\triangle ABC} = 16 - \left(4 + 3 + \dfrac{5}{2} \right) = 6\dfrac{1}{2}$。

（8）连接 FD，如右图所示。设 $S_{\triangle FDB} = x$。

$\because AE = ED$

$\therefore S_{\triangle FED} = S_{\triangle FEA}$（共高定理，共顶点 F）

$\therefore S_{\triangle CEA} = S_{\triangle CED}$（共高定理，共顶点 C）

又 $\because DC = 2DB$

$\therefore S_{\triangle FDC} = 2 S_{\triangle FDB} = 2x$

$\therefore S_{阴} = 2x$（共高定理，共顶点 F）

列方程：$\begin{cases} S_{阴} = 2x \\ 2S_{阴} + x = 1 \end{cases}$ ① ②

由式①得

$2S_{阴} = 4x$ ③

将式③代入式②，得

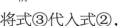

$5x = 1$，即 $x = \dfrac{1}{5}$

所以，阴影部分的面积 $S_{阴} = \dfrac{2}{5}$。

（9）由折叠法可知 $S_1 = S_2$，故右图中阴影部分所示的直角三角形的长直角边为 $13 - 5 = 8$（厘米），进而可知 $S_{阴} : S_2 = 8 : 5$（共高定理）。又知原三角形面积为 $\dfrac{1}{2} \times 5 \times 12 = 30$（平方厘米），

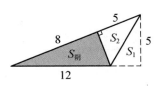

故得 $S_{阴} = 30 \times \dfrac{8}{8+5+5} = 13\dfrac{1}{3}$（平方厘米）。

（10）由 $AF : FB = 2 : 1$ 得

$$S_{\mathrm{I}} = 2S_{\mathrm{II}} \quad（共高定理） \tag{①}$$

由 $BE = CE$ 得

$$S_{\mathrm{III}} = S_{\mathrm{IV}} \quad（共高定理） \tag{②}$$

由题意可知

$$S_{\mathrm{I}} + S_{\mathrm{II}} + S_{\mathrm{III}} = \dfrac{1}{4} \tag{③}$$

$$S_{\mathrm{II}} + S_{\mathrm{III}} + S_{\mathrm{IV}} = \dfrac{1}{6} \tag{④}$$

由式①、式③得

$$3S_{\mathrm{II}} + S_{\mathrm{III}} = \dfrac{1}{4} \tag{⑤}$$

由式②、式④得

$$S_{\mathrm{II}} + 2S_{\mathrm{III}} = \dfrac{1}{6} \tag{⑥}$$

在式⑥两边乘以 3，得

$$3S_{II} + 6S_{III} = \frac{1}{2} \qquad ⑦$$

用式⑦减去式⑤，得

$$5S_{III} = \frac{1}{4}，\text{故} S_{IV} = S_{III} = \frac{1}{20}$$

所以，可得

$$S_I + S_{II} + S_{III} + S_{IV} = \frac{1}{4} + \frac{1}{20} = \frac{3}{10}$$

（11）解法一：如下图所示，延长 BA、CM 交于点 B'，得 $\triangle B'AM \cong \triangle CDM$，则 $B'A = AB$，$B'M = MC$。连接 GB'，则四边形 $GAB'M$ 被分为 I 和 II 两部分。相应地，把两个阴影三角形标为 III 和 IV，则根据共高定理得 $S_I = S_{IV}$，$S_{II} = S_{III}$。

又因为 $S_{III} = S_{IV}$（蝴蝶的两翼），所以 $S_I = S_{II} = S_{III}$，进而可知 $S_{\triangle B'AC} = S_I + S_{II} + S_{III} = S_{\triangle ADC} = \frac{1}{2}$。所以，$S_{III} = \frac{1}{2} \times \frac{1}{3} = \frac{1}{6}$，故 $S_{阴} = 2S_{III} = \frac{1}{3}$。

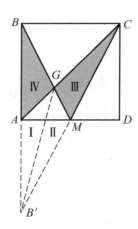

解法二：将两个阴影三角形及 $\triangle AGM$ 标记为 I、II、III，如下图所示。连接 GD，则 $\triangle GBA \cong \triangle GDA$。因为 $MA = MD$，所以 $S_{III} = S_{\triangle GDM}$

（共高定理）。

由此可列以下方程：

$$\begin{cases} S_{\text{I}} = S_{\text{II}} \\ S_{\text{II}} = 2S_{\text{III}} \\ S_{\text{I}} + S_{\text{III}} = \dfrac{1}{4} \end{cases}$$

解得：$S_{阴} = S_{\text{I}} + S_{\text{II}} = \dfrac{1}{6} \times 2 = \dfrac{1}{3}$。

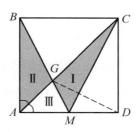

（12）解法一：连接 GC、GF，如下图所示。

$S_{\triangle ABC} = (3 + 3 + 3) \times 4 \div 2 = 18$

$S_{\triangle DEC} = (4 + 4) \times 3 \div 2 = 12$

$\because AF = FE = EC = 3$

$\therefore S_{\text{I}} = S_{\text{II}} = S_{\text{III}}$（三者共高，共顶点 G）

$\because DB = BC = 4$

$\therefore S_{\text{IV}} = S_{\text{V}}$（二者共高，共顶点 G）

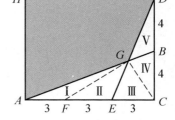

下面求 $\triangle ABC$ 与 $\triangle DEC$ 的重叠部分（即四边形 $GBCE$）的面积。

$$S_{\triangle ABC} = S_{\text{IV}} + 3S_{\text{III}} = 18 \qquad \text{①}$$

$$2S_{\triangle DEC} = 4S_{\text{IV}} + 2S_{\text{III}} = 2 \times 12 = 24 \qquad \text{②}$$

由式① + 式②得

$$5 \times (S_{\text{IV}} + S_{\text{III}}) = 18 + 24 = 42$$

凸四边形 $GBCE$ 的面积为

$$S_凸 = S_{IV} + S_{III} = 42 \div 5 = 8.4$$

凹四边形 $GACD$ 的面积为

$$S_凹 = 18 + 12 - 8.4 = 21.6$$

所以，阴影四边形的面积为

$$S_阴 = (3 \times 3) \times (4 \times 2) - 21.6 = 50.4$$

解法二：设 $S_{\triangle GEC} = a$，$S_{\triangle BGC} = b$，由已知条件列方程。

$$\begin{cases} 3a + b = 18 & ① \\ a + 2b = 12 & ② \end{cases}$$

解得：$a = 4.8$，$b = 3.6$。所以，凹四边形 $GACD$ 的面积为

$$18 + 12 - (4.8 + 3.6) = 21.6$$

因此，阴影四边形的面积为

$$S_阴 = (3 \times 3) \times (4 \times 2) - 21.6 = 50.4$$

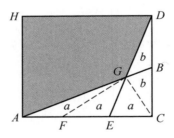

（13）设 $S_{\triangle AED} = x$。由四边形被两条对角线划分成的 4 个三角形面积的性质可得：$S_{\triangle AEB} \cdot S_{\triangle CED} = S_{\triangle AED} \cdot S_{\triangle BEC}$。

已知 $S_{\triangle AED} = S_{\triangle BEC}$，故有 $x^2 = 6 \times 24 = 2^4 \times 3^2$，即 $x = 2^2 \times 3 = 12$。所以，$\triangle AED$ 的面积是 12。

（14）$\because AM = \dfrac{1}{2}$

$\therefore S_{\triangle AMB} = \dfrac{1}{4}$

又$\because \triangle AGM$ 与 $\triangle AGB$ 共高（共顶点 A）

$\therefore S_{\triangle AGB} = 2S_{\triangle AGM}$

$\therefore S_{\triangle AGB} = \dfrac{1}{4} \times \dfrac{2}{3} = \dfrac{1}{3}$

又$\because S_{\triangle MGC} = S_{\triangle AGB}$（蝴蝶的两翼）

$\therefore S_{阴} = 2S_{\triangle AGB} = 2 \times \dfrac{1}{3} = \dfrac{2}{3}$

（15）如下图所示，连出两条虚线，出现蝴蝶图形，两翼的面积相等，将其设为 x，则 $x^2 = 2 \times 8$，即 $x = 4$。

经观察发现右翼所在的三角形与面积为 8 的三角形组成一个大三角形，其面积为长方形的一半。所以，长方形的面积为（4 + 8）× 2 = 24，故得 $S_{阴} = 24 - (2 + 6 + 8) = 8$。

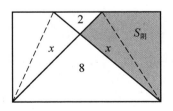

（16）解法一：以长方形的一条边为底而顶点在对边上的三角形面积为该长方形面积的一半。设小三角形的面积为 x（见下图），则 $x + S_{阴} + 65 = 65 + 20 + 50 + x + 15$，所以 $S_{阴} = 85$。

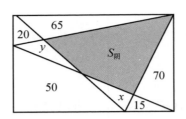

解法二：设另一个小三角形的面积为 y（见上图），则 $y+S_阴+70=$ $20+y+50+15+70$，所以 $S_阴=85$。

解法三：因为两个大三角形重叠部分（即阴影部分）的面积等于剩余的空白部分的面积，所以 $S_阴=20+50+15=85$。

（17）设 $S_{\triangle ABC}=1$。

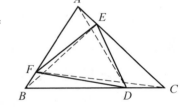

如右图所示，连接 BE，可知 $S_{\triangle AFE}=$ $\dfrac{5}{6}\times\dfrac{1}{5}=\dfrac{1}{6}$。

连接 CF，可知 $S_{\triangle FBD}=\dfrac{3}{4}\times\dfrac{1}{6}=\dfrac{1}{8}$。

连接 AD，可知 $S_{\triangle EDC}=\dfrac{4}{5}\times\dfrac{1}{4}=\dfrac{1}{5}$。

所以，$\dfrac{S_{\triangle DEF}}{S_{\triangle ABC}}=1-\left(\dfrac{1}{6}+\dfrac{1}{8}+\dfrac{1}{5}\right)=\dfrac{61}{120}$。

（18）解法一：如下图所示，连接 BE，设 $S_{\triangle BEF}=x$，$AD=a$，$DB=b$。因为 $\triangle EDA$ 与 $\triangle EDB$ 共高，所以 $\dfrac{a}{b}=\dfrac{2}{7-x}$。又因为 $\triangle CDA$ 与

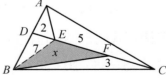

$\triangle CDB$ 共高，所以 $\dfrac{a}{b}=\dfrac{2+5}{7+3}=\dfrac{7}{10}$。

由以上两式可得：$\dfrac{2}{7-x}=\dfrac{7}{10}$，即 $2\times10=$ $7(7-x)$。解得 $x=4\dfrac{1}{7}$，即 $\triangle BEF$ 的面积为 $4\dfrac{1}{7}$。

解法二：把 DC 等分成 70 份，每份长为 a，则 $DE=20a$，$CE=50a$，$DF=49a$，$CF=21a$。

于是，$EF=DC-DE-CF=70a-20a-21a=29a$。

连接 BE（见下图），经观察可知 $\triangle BEF$ 与 $\triangle BCF$ 共高，由共高定理得：$S_{\triangle BEF}=\dfrac{S_{\triangle BCF}\times 29}{21}=\dfrac{87}{21}=4\dfrac{1}{7}$。

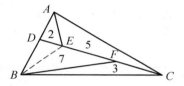

（19）解法一：具体思路是利用共高定理。连接 BD、GE（见下图）。因为 $\triangle BFD$ 与 $\triangle BFG$ 共高且 $FD=FG$，所以 $S_1=S_3$。

因为 $\triangle EFD$ 与 $\triangle EFG$ 共高且 $FD=FG$，所以 $S_2=S_4$。

因此，$S_1+S_2=S_3+S_4=2\times\dfrac{1}{4}=\dfrac{1}{2}$。又知 $\triangle GEC$ 的面积 $S_5=2-\dfrac{1}{2}-\dfrac{1}{2}=1$，$\triangle GEC$ 与 $\triangle GED$ 共高且 $EC=3ED$，所以 $\triangle GED$ 的面积为 $S_2+S_4=\dfrac{1}{3}$。因此，$\triangle GEF$ 的面积 $S_4=\dfrac{1}{3}\times\dfrac{1}{2}=\dfrac{1}{6}$，$S_{阴}=S_4+S_5=\dfrac{1}{6}+1=1\dfrac{1}{6}$。

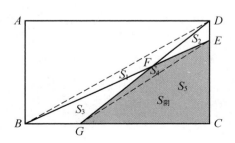

解法二：如下图所示，连接 BD、FC。设 $S_{\triangle EFD}=x$，则 $S_{阴}=7x$。又设 $S_{\triangle BGF}=y$，则 $S_{\triangle BFD}=y$。可得以下方程组：

$$\begin{cases} x+y=2\times\dfrac{1}{4}=\dfrac{1}{2} \\ 7x+y=\dfrac{1}{2}\times 3=\dfrac{3}{2} \end{cases}$$

解得 $6x=1$，即 $x=\dfrac{1}{6}$。所以，$S_{阴}=7x=1\dfrac{1}{6}$。

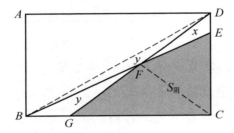

解法三：$DE\cdot BC=2S_{\triangle BDE}=2S_{\triangle BGE}=BG\cdot EC$

$$BG=\frac{DE\cdot BC}{EC}=\frac{BC}{3}$$

$$S_{阴}=S_{\triangle BCE}-S_{\triangle BGF}=\frac{BC\cdot CE}{2}-\frac{S_{\triangle BGD}}{2}$$

$$=\frac{3(BC\cdot CD)}{8}-\frac{BC\cdot CD}{12}=1\frac{1}{6}$$

第 4 讲

火柴棍中的几何

第 1 节　典型例题讲解
第 2 节　练习与提高
第 3 节　思维拓展
第 4 节　写给家长和教师的话

第1节　典型例题讲解

　　苏联著名科普作家别莱利曼（1882—1942）在《趣味思考题》一书中写道："一小盒火柴，可以说也是一小盒有趣的礼物，它的里面含有大量有趣的、有时是相当深奥难解的题目和需要动脑筋的问题。"

　　我在这里收集整理了一些火柴棍趣题，供有兴趣的小朋友求解和欣赏。不难看出，这种数学趣题不同于一般的数学题，我们在求解时应充分利用发散性思维，大胆猜想，快速检验，不对时再猜再验，坚持到底。不过，其中有些题目事先计算一下是有益的。

　　【例1】　分别用两根火柴棍摆成一个锐角、一个直角和一个钝角。

　　解：具体摆法如下图所示。

锐角　　　　直角　　　　钝角

　　【例2】　用4根火柴棍摆出两条平行的直线，再摆出两条相交的直线。

　　解：具体摆法如下图所示。

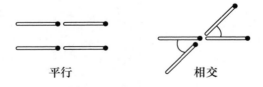

平行　　　　　　相交

　　【例3】　用火柴棍摆出各种多边形，试试看。

解：部分摆法如下图所示。

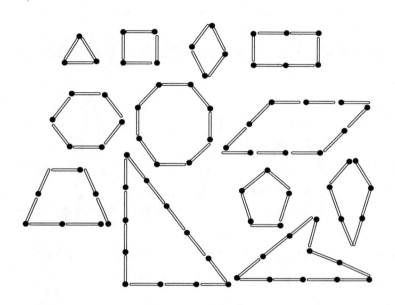

【例4】 用6根等长的火柴棍能摆成什么样的三角形？摆摆看。

解：经试摆可以看出，用这6根火柴棍只能摆出下图所示的等边三角形，它的每条边上有两根火柴棍。

【例5】 用9根等长的火柴棍能摆成什么样的三角形？摆摆看。

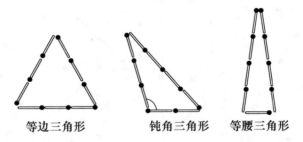

解：经试摆可以看出，用9根火柴棍能摆出下图所示的3种三角形。

等边三角形　　　钝角三角形　　　等腰三角形

【例6】 用3根火柴棍可以摆出一个三角形，如下图所示。

（1）加两根火柴棍，摆出两个三角形来。

（2）再加两根火柴棍，摆出3个三角形来。

（3）再加两根火柴棍，摆出5个三角形来。

解：摆一个三角形必须用到3根火柴棍，因此摆两个三角形就需要6根火柴棍。现在只给你增加两根火柴棍，却要求你用它们摆出两个三角形，可见必有一根火柴棍要供两个三角形共用才行，如下面的第一个图所示。

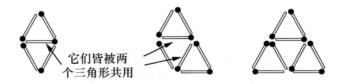

它们皆被两个三角形共用

同理，再加两根火柴棍后，用7根火柴棍摆出3个三角形，所以必须有两根火柴棍是3个三角形共用的，如上面的第二个图所示。

再增加两根火柴棍后，共有 9 根火柴棍，用它们摆出的 5 个三角形如上面的第三个图所示。可以看出，该图中有 3 个"正立"的小三角形，中间还出现了一个"倒立"的小三角形，并且最外围的 6 根火柴棍也形成了一个大三角形。因此，共有 5 个三角形。

【例 7 】 请用 7 根火柴棍摆出两个小正方形。

解：由例 3 可知，摆一个小正方形需要 4 根火柴棍，所以摆两个独立的小正方形需要 8 根火柴棍。现在要求用 7 根火柴棍摆出两个小正方形，显然必须有一根火柴棍是两个小正方形共用的，如右图所示。

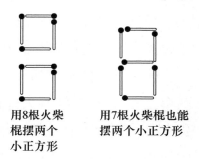

用 8 根火柴棍摆两个小正方形　　用 7 根火柴棍也能摆两个小正方形

【例 8 】 请你用 12 根火柴棍摆出 4 个同样大小的小正方形。

解：摆一个小正方形需要 4 根火柴棍，所以摆 4 个独立的小正方形需要 16 根火柴棍，即 $4 \times 4 = 16$。

现在要求用 12 根火柴棍摆出 4 个小正方形，因为 $16 - 12 = 4$（根），所以其中 4 根火柴棍是 4 个小正方形共用的。

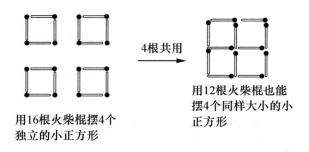

4 根共用

用 16 根火柴棍摆 4 个独立的小正方形

用 12 根火柴棍也能摆 4 个同样大小的小正方形

【例 9 】 下图是用 24 根火柴棍摆成的回字形，如果只允许移动其中的 4 根火柴棍，使原来的图形变成 3 个正方形（大小可以不一样），你能办到吗？

解：我们可以按照以下思路进行思考。

用 24 根火柴棍摆出 3 个正方形，每个正方形用 8 根火柴棍（即 24÷3＝8），每条边上有两根火柴棍。这是 3 个独立的、同样大小的正方形。

经尝试后发现，按题目要求在原来图形的基础上移动 4 根火柴棍组成 3 个独立的正方形，无论如何是办不到的。

若正方形的每条边上有 3 根火柴棍，一个正方形用 12 根火柴棍，两个正方形需要 24 根火柴棍。但是题目要求用 24 根火柴棍摆出 3 个正方形（其大小可以不同），这就要求这两个正方形有一部分"重叠"（其中一些火柴棍是它们共用的），从而多出一个正方形来。

下面给出了 3 种"重叠"方式，但经试验可知，只有第二种和第三种可以在回字形的基础上通过移动 4 根火柴棍摆出来。

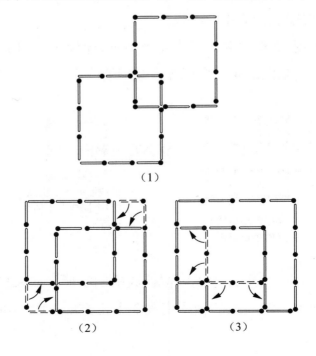

（1）

（2）　　　　　（3）

第 2 节　练习与提高

（1）用两根小木棍摆一个很小的锐角,然后慢慢地转动一根小木棍,使锐角渐渐变大。如果继续转动小木棍，将会出现什么角？

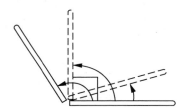

（2）用 10 根等长的火柴棍能摆成什么样的图形？摆摆看。

（3）用 12 根等长的火柴棍能摆成什么样的图形？摆摆看。

（4）用 7 根火柴棍摆出一个小五边形，再用 11 根火柴棍摆出一个大五边形，要求大五边形的面积是小五边形面积的 3 倍。（提示：用 3 根火柴棍可以摆出一个小等边三角形，它的面积可定为 1。）

（5）如右图所示，用火柴棍摆出了 5 个三角形。

① 拿掉哪 3 根火柴棍，就可以得到一个三角形？

② 拿掉哪两根火柴棍，就可以得到两个三角形？

③ 拿掉哪一根火柴棍，就可以得到 3 个三角形？

（6）如右图所示，用火柴棍摆出了5个正方形。

① 请你拿掉两根火柴棍，剩下3个正方形。

② 请你拿掉两根火柴棍，剩下两个正方形。

（7）如右图所示，用火柴棍摆出了6个三角形。如果拿掉3根火柴棍，使其变为3个三角形，那么应该拿掉哪3根火柴棍？试试看。

（8）如下图所示，用16根火柴棍摆出了4个正方形。你能分别用15根、14根、13根火柴棍摆出4个小正方形吗？摆摆看。

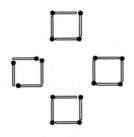

（9）移走3根火柴棍，只留下3个正方形。

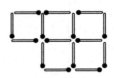

（10）移动4根火柴棍，组成3个全等的正方形。

（11）移动两根火柴棍，组成4个正方形。

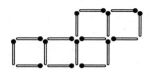

（12）移动 3 根火柴棍，组成 3 个全等的正方形。

（13）移走 4 根火柴棍，只留下 5 个正方形。

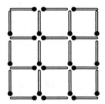

（14）移动 4 根火柴棍，组成 4 个全等的正方形。

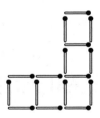

（15）移动 4 根火柴棍，组成 3 个等边三角形。

（16）移走 3 根火柴棍，组成 6 个全等的等边三角形。

（17）移走哪 4 根火柴棍，可以得到 6 个三角形？

（18）移动 4 根火柴棍，可以使这个图形倒过来吗？

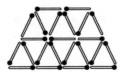

（19）移动一根火柴棍，使下面的等式成立。

$$| - ||| = ||$$

（20）右图所示为一个小鱼形状。

①请你移动两根火柴棍，使小鱼转向（变成头朝上或头朝下）。

②请你移动 3 根火柴棍，使小鱼掉头（变成头朝右）。

（21）右图所示为一个倒放着且缺一条腿的椅子，请你移

动两根火柴棍，把椅子正过来。

（22）右图所示是用 12 根火柴棍组成的 4 个同样大小的正方形，请你移动 3 根火柴棍，使原图变成 3 个同样大小的正方形。

（23）右图所示为用 12 根火柴组成的 3 个正方形。

①请你用 11 根火柴棍组成同样大小的 3 个正方形。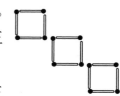

②请你用 10 根火柴棍组成同样大小的 3 个正方形。

（24）右图是用 17 根火柴棍组成的 6 个同样大小的正方形。

①请你拿掉 3 根火柴棍，使留下的火柴棍变成 4 个同样大小的正方形。

②请你拿掉 5 根火柴棍，使留下的火柴棍变成 3 个同样大小的正方形。

（25）右图是用 20 根火柴棍组成的 5 个同样大小的正方形，请你移动 3 根火柴棍，使原图变为 7 个同样大小的正方形。

（26）下面的图是用火柴棍摆出来的，其中第一个图是用 14 根火柴棍摆成的长方形，它的面积可看成 6 个小正方形的面积之和。第二个图是用 6 根火柴棍摆成的，它的面积可看成两个小正方形的面积之和。所以，第一个图的面积是第二个图面积的 3 倍。请你从第一个图中拿出一根火柴棍放在第二个图中，重新摆放这两堆火柴棍形成两个新的图形，使第一个图的面积仍为第二个图面积的 3 倍。

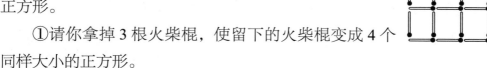

6个小正方形　　　　　　　　　两个小正方形

习题解答

（1）在慢慢转动小木棍的过程中，锐角逐渐变大，然后出现直角，直角再变成钝角。

（2）用10根火柴棍可摆成两种等腰三角形，如下图所示。

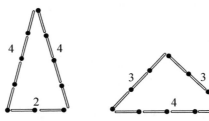

（3）用12根火柴棍可摆成3种三角形，如下图所示。

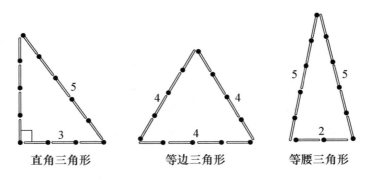

直角三角形　　　　　　　等边三角形　　　　　等腰三角形

（4）因为用6根火柴棍可摆成一个包含4个小等边三角形的图形，所以想到用7根火柴棍可以摆成一个包含5个小等边三角形的图形，进而可以猜想用 11 根火柴棍摆成的大五边形的面积应该相当于 15 个小等边三角形的面积之和，如下图所示。

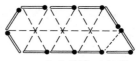

5个等边三角形　　　　　　15个小等边三角形

（5）具体操作方法如下图所示。

拿掉3根火柴棍，
得到一个三角形

拿掉两根火柴棍，
得到两个三角形

拿掉一根火柴棍，
得到3个三角形

（6）具体操作方法如下图所示。

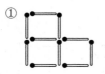
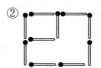

拿掉两根火柴棍后，
得到3个正方形

拿掉两根火柴棍后，
得到两个正方形

（7）拿掉外围的 3 根火柴棍后，可以得到下图所示的 3 个三角形。

（8）用 13 根、14 根、15 根火柴棍摆成的 4 个小正方形如下图所示。

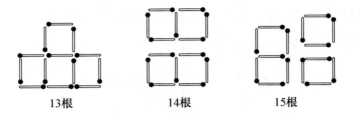

| 13根 | 14根 | 15根 |

（9）移走的3根火柴棍如下图中的虚线所示。

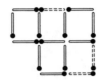

（10）移动的4根火柴棍如下图中的虚线所示。

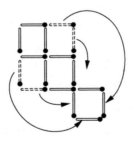

（11）移动的两根火柴棍如下图中的虚线所示。

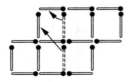

（12）移动的3根火柴棍如下图中的虚线所示。

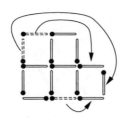

（13）有两种方法，移走的火柴棍如下图中的虚线所示。

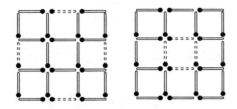

（14）移动的 4 根火柴棍如下图中的虚线所示。

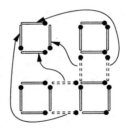

（15）移动的 4 根火柴棍如下图中的虚线所示。

（16）移走的 3 根火柴棍如下图中的虚线所示。

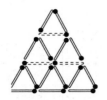

（17）移走的 4 根火柴棍如下图中的虚线所示。

（18）移动的 4 根火柴棍如下图中的虚线所示。

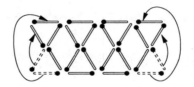

（19）具体操作方法如下图所示。

（20）要使小鱼转向或掉头，就要尽量利用原来的火柴棍所组成的形状，以便减少火柴棍的移动。具体操作方法如下图所示。

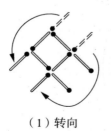

（1）转向　　　　　　　（2）掉头

（21）要把椅子正过来，就要使椅腿变成靠背，靠背变成椅腿，如右图所示。

（22）要用 12 根火柴棍组成 3 个小正方形，也就是说每个小正方形用 4 根火柴棍，这就意味着 3 个小正方形没有共用的火柴棍，各自独立，如下图所示。

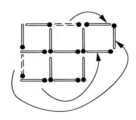

（23）组成一个正方形需要 4 根火柴棍，组成 3 个各自独立的正方形就需要 12 根火柴棍。

① 题目要求用 11 根火柴棍组成 3 个同样大小的正方形，所以必须有一根火柴棍作为两个正方形的公共边才能办到，如下面的左图所示。

② 题目要求用 10 根火柴棍组成 3 个正方形，就必须有两根火柴棍作为正方形的公共边才能办到，如下面的右图所示。

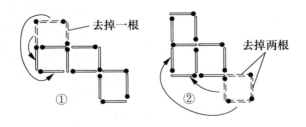

（24）①从 17 根火柴棍中拿掉 3 根后，还剩下 14 根火柴棍，即

17-3＝14。要组成 4 个同样大小的正方形，则必然需要用 7 根火柴棍组成两个正方形，即其中必有一根火柴棍是两个正方形共用的。也就是说，这两个正方形要有一条公共边，如下面的左图所示。

②从 17 根火柴棍中拿掉 5 根之后，还剩下 12 根火柴棍，我们要用这 12 根火柴棍组成 3 个同样大小的正方形，所以每一个正方形应该由 4 根火柴棍组成。因此，这 3 个正方形是彼此独立的，没有火柴棍作为公共边，如下面的右图所示。

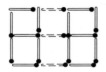 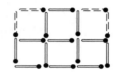

（25）每个正方形由 4 根火柴棍组成，则 7 个正方形需要 28 根火柴棍。但题目要求只用 20 根火柴棍组成 7 个正方形，所以应该有 8 根火柴棍是所谓的公共边，新图形应该是很紧凑的，如右图所示。

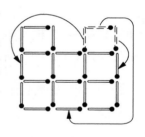

（26）用 7 根火柴棍不可能摆成包含 3 个小正方形的图形，那么就只能考虑用 7 根火柴棍摆成下面的第二个图形，它包含两个小正方形和一个等腰三角形，而题目中的第一个图形包含 5 个小正方形即可。

第3节　思维拓展

一、电子表数字

如下图所示，可以用火柴棍摆出 10 个阿拉伯数字（所用火柴棍的根数标在相应图形的下面）。

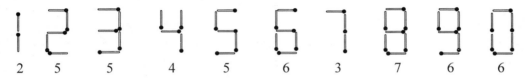

【例1】　请在下列算式中移动一根火柴棍，使等式成立。（注意：运算符号和等号也是用火柴棍摆成的。）

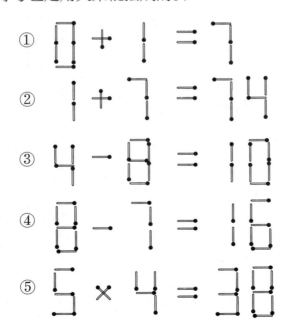

⑥ 8 × 9 = 61

⑦ 4 × 8 = 22

⑧ 1 + 2 = 4

⑨ 1 - 9 = 4

⑩ 7 - 8 = 7

⑪ 8 - 7 = 9

⑫ 9 + 7 = 13

⑬ 4 + 5 = 7

⑭ 7 + 9 = 7

⑮ 1 + 3 = 3

⑯ 1 - 9 = 1

⑰ （火柴棍算式）

⑱ （火柴棍算式）

⑲ （火柴棍算式）

解：可以按照下列式子移动火柴棍。

① 6＋1＝7，8－1＝7　　　⑪ 8＋1＝9

② 7＋7＝14　　　　　　　⑫ 6＋7＝13

③ 4＋6＝10　　　　　　　⑬ 4＋3＝7

④ 8＋7＝15，9＋7＝16　　⑭ 7＋0＝7

⑤ 9×4＝36　　　　　　　⑮ 1＋2＝3

⑥ 9×9＝81　　　　　　　⑯ 1－0＝1

⑦ 4×8＝32　　　　　　　⑰ 7－5＝2

⑧ 1＋3＝4　　　　　　　⑱ 1＋5＝6

⑨ 7－3＝4，1＋3＝4　　　⑲ 0＋2－1＝1

⑩ 7＋0＝7

【例 2】 请在下列算式中移动两根火柴棍，使等式成立。

① （火柴棍算式）0 × 4 ＝ 3 0

② $9 \times 5 = 98$

解：可以按照下列式子移动火柴棍。

① $8 \times 4 = 32$ ② $19 \times 5 = 95$

【例3】 请在下式中添加一根火柴棍，使等式成立。

$$15 \times 5 = 95$$

解：可以按照下列式子添加火柴棍。

$$19 \times 5 = 95$$

【例4】 请在下面的3个式子中分别移动1根、2根和3根火柴棍，使等式成立。

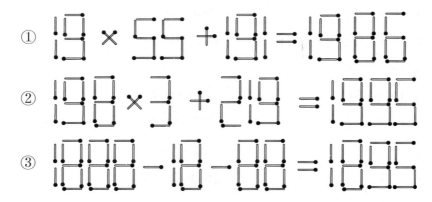

解：可以按照下列式子移动火柴棍。

① $19 \times 95 + 191 = 1996$

② $198 \times 9 + 214 = 1996$

③ $1889 + 19 + 88 = 1996$

【例5】 如下图所示，可以用不同数量的火柴棍按如下方式摆出阿拉伯数字1、2、3、4、5、6、7、8、9、0。

用 8 根火柴棍可以出摆自然数 177。你还能用 8 根火柴棍摆出多少个不同的自然数？（2009 年全国小学数学资优生水平测试题）

解：用 8 根火柴棍一共可摆出 19 个不同的自然数。

第一步，分析 10 个阿拉伯数字所用的火柴棍根数。

用 2 根的：1 个数，即 1。

用 3 根的：1 个数，即 7。

用 4 根的：1 个数，即 4。

用 5 根的：3 个数，即 2、5、3。

用 6 根的：3 个数，即 6、9、0。

用 7 根的：1 个数，即 8。

第二步，8 可以拆分为以下情形。

$$8 = 4 + 4$$
$$= 3 + 5$$
$$= 5 + 3$$
$$= 2 + 6$$
$$= 6 + 2$$

$$8 = 2+3+3$$
$$= 3+2+3$$
$$= 3+3+2$$
$$= 2+2+4$$
$$= 2+4+2$$
$$= 4+2+2$$
$$8 = 2+2+2+2$$

第三步，用上面拆分出的数字构成不同的自然数。

① 4+4 型：44。

② 3+5 型：72、73、75。

③ 5+3 型：27、37、57。

④ 2+6 型：16、19、10。

⑤ 6+2 型：61、91。

⑥ 2+3+3 型：177。

⑦ 2+2+4 型：114。

⑧ 2+4+2 型：141。

⑨ 4+2+2 型：411。

⑩ 3+2+3 型：717。

⑪ 3+3+2 型：771。

⑫ 2+2+2+2 型：1111。

二、罗马数字

【例】 请在下面的罗马数字算式中移动一根火柴棍，使算式成立。

① Ⅴ ＋ Ⅰ － Ⅲ ＝ Ⅴ

② ⅨⅩ ＋ Ⅴ ＝ Ⅴ

③ XV ＋ XV ＝I

④ VIII ＋ XI ＝XVI

⑤ I ＋ XI ＝ X

⑥ II ＝ $\dfrac{XXII}{VII}$

⑦ IX ＋ I ＝ X

解：

① V ＋ II － II ＝ V　　　　　　（5＋2－2＝5）

② IX － IV ＝ V　　　　　　　　（9－4＝5）

③ XVI － XV ＝I　　　　　　　（16－15＝1）

④ VIII ＋ XI ＝ XVII　　　　　（8＋9＝17）

⑤ I ＋ IX ＝ X　　　　　　　　（1＋9＝10）

⑥ III ＝ $\dfrac{XXI}{VII}$　　　　　　　　$\left(3 = \dfrac{21}{7}\right)$

⑦ IX ＋ I ＝ X　　　　　　　　（9＋1＝10）

【练习】 请移动两根火柴棍，使下列罗马数字算式成立。

① IX＋ III ＝ II

② VII － II ＝ II

③ IX － III ＝ VI

④ VII － V ＝ II
　　VII － II ＝ V

答案略。

第4节 写给家长和教师的话

一、重视直觉 [1]

直觉认识、直觉理解、直觉解题是创造性数学推理的重要组成部分。

直觉认识是直接接受的一种认识，没有感觉到需要任何类型的证明。直觉认识的第一个特征（显然）就是不言而喻。我们承认一些不证自明的陈述，如"整体大于部分""过直线外一点可作一条且只能作一条直线与之平行""两点之间直线段最短"。

显然，直接接受的认识是不证自明的，因而对我们的解释与推理策略有着强制性的影响。直觉认识有时可能是根据逻辑上无可非议的真理形成的，但有时也可能与之抵触。因此，在教学过程中直觉可能起促进作用，但也经常会出现矛盾；在学习、解题和发明过程中，直觉可能成为障碍（即所谓的认识论障碍）。

欧氏几何建立在直接接受的陈述（包括著名的第五公设）与"普通观念"（公理）的基础上。所有这些都是凭直觉可以接受的，人们必须从不用证明就能承认的某些基础出发，才能进行演绎。

要运用违背我们的直觉的公理就意味着要相信某些陈述，没有证明，也没有对其必然性的亲身感觉。非欧几何并未损害逻辑，却是违反直觉的。必须改变数学的全部观念，我们才能乐意接受与直觉相矛盾的公理与陈述。

---

[1] 节选自 R. 比勒等主编的《数学教学理论是一门科学》。

二、充分利用直觉 [1]

说明数学中的直觉认知现象，使它可以理解，这是数学认识论的基本问题，即我们知道什么，我们如何知道。

我们设想通过另一种问法来回答这个问题，即我们教什么，我们如何教，或者我们试图讲授什么，我们如何发现讲授它的必要性。

我们试图讲授数学概念，不是形式地（熟记定义）而是直觉地讲授——通过观察例子，做习题，发展一种思考能力。这就表示我们已成功地把某种东西内化，这种东西是什么？是直觉的数学概念。

因此，自然数的基本直觉是人类共有的概念，是一种有过使用硬币、砖块、纽扣或小石子的某些经验的每个人共同掌握的概念。一旦我们的问题有了"正确"答案，我们就能说自己得到了这个概念。这时，即使我们迟早会用完纽扣或硬币，但有一个像一大箱纽扣或硬币那样的概念永远用不完。

直觉并不是对外部永恒存在的事物的直接感觉，它是具体事物（后来是纸上的记号，甚至是内心的想象）的活动和操作的某些经验在头脑中产生的影响。作为这种经验的结果，学生头脑中存在某种东西（痕迹影响）作为他对整数的表示。而他的表示同我的等价，因为我们对你所问的任何问题有相同的答案，或者如果我们的答案不同，我们可以比较我们的记录，看哪个正确。我们这样做，不是因为我们已被教会了一组代数规则，而是因为我们的内心图景彼此相符。如果它们不相符，由于我是教师，我知道我的内心图景与社会批准的（所有其他教师的）内心图景相符，学生就获得了差的分数，并且不能参加这个问题的进一步讨论。

---

[1]　节选自戴维斯与赫什所著的《数学经验》。

我们有直觉，是因为我们有关于数学对象的心智表示。我们获得这些表示，不是靠熟记文字公式，而是靠重复经验（在初等水平上，处理物质对象的经验；在高等水平上，做习题和自己发现事物的经验）。

这些心智表示的真实性受到我们的教师和学生的检查，如果我们未得到正确答案，我们的课程就不及格。这样，不同人的表示总是彼此磨砺，以便确定他们是一致的。

当然，我们不知道这些表示以什么方式被心智掌握。我们同样很少知道任何其他思想或知识如何为心智所掌握。

关键之处是，作为共有的概念互相一致的心智表示，它们是像母爱、茶叶的价格一样"客观"存在的真实对象。在概念和心智对象的领域中，性质可重现的概念称为数学对象，对具有可重现性质的心智对象的研究称为数学，直觉是我们能考察或检查这些（内在的、精神的）对象的能力。

第 5 讲

区分、比较、找规律

第 1 节　典型例题讲解

第 2 节　练习与提高

第 3 节　写给家长和教师的话

第 1 节　典型例题讲解

【例1】　下图中的两个三角形有哪些相同点，有哪些不同点？

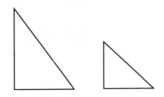

解：相同点是它们都有一个直角，都是直角三角形。不同点是左图中的两条直角边不相等，这是一个一般的直角三角形，而右图中的两条直角边相等，这是一个等腰直角三角形。

【例2】　下图中的两个图形有哪些相同点，有哪些不同点？请你仔细观察、分析。

 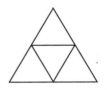

解：相同点是这两个图形都可以看成由一个大图内接（套着）一个同样形状的小图组成。不同点是左图中的大小两个图都是正方形，而右图中的大小两个图都是等边三角形。

两个图形的结构元素不同，而构成方式相同，这种现象叫作"同构"。

【例3】　下列哪一个图形与其他3个图形不同？

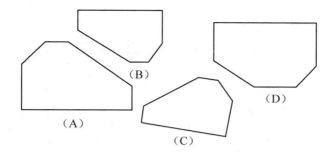

解：答案是 D。

【**例 4**】　下面哪一组中的两个图形不同？

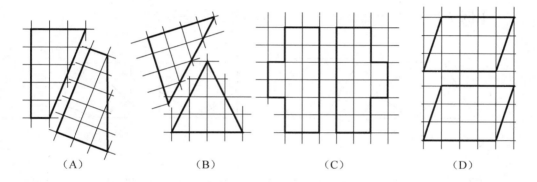

解：答案是 B。在本章中，如果一个图形通过平移、旋转、翻转后与另一个图形重合，那么它们可以认为是同一种图形。

【**例 5**】　下面哪一个图形是右图沿顺时针方向旋转 90°以后形成的？

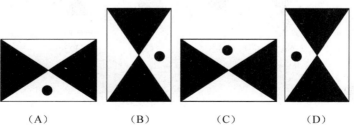

解：答案是 B。

【例 6】 下面与其他 3 个图形不同的图形是哪个?

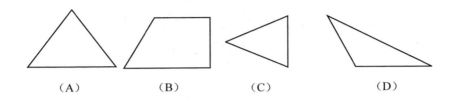

（A） （B） （C） （D）

解：答案是 B。图 A、C、D 都是三角形，而图 B 是四边形。

【例 7】 下面与其他 3 个图形不同的图形是哪个?

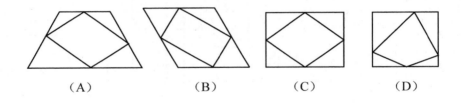

（A） （B） （C） （D）

解：答案是 D。图 A、B、C 内中的小图形都是由外边的大四边形各边中点的连线组成的，而图 D 不同。

【例 8】 下面的哪一个图形与其他 3 个不同?

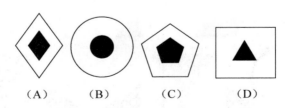

（A） （B） （C） （D）

解：答案是 D。

【例 9】 下面哪一个图形与众不同？

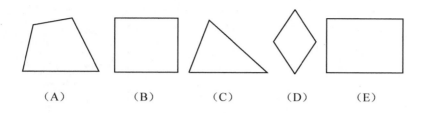

（A）　　　　（B）　　　　（C）　　　　（D）　　　　（E）

解：答案是 C。图 C 只有 3 条边，是三角形，而其他 4 个图形都是四边形。

【例 10】 从下面的 5 个图形中选出与众不同的一个。

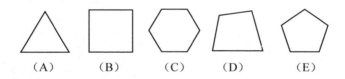

（A）　　（B）　　（C）　　（D）　　（E）

解：答案是 D。除图 D 外，其他 4 个图形都是正多边形，也就是各边相等的多边形；而图 D 的 4 条边长短不同，所以它不是正多边形。

【例 11】 下面哪一个图形与众不同？

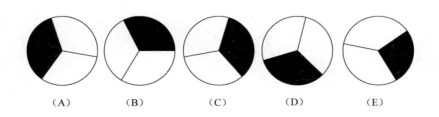

（A）　　　　（B）　　　　（C）　　　　（D）　　　　（E）

解：答案是 E。图 A、B、C、D 中的阴影部分都是圆的 1/3，而图 E 中的阴影部分所占比例小于 1/3。

【例 12】 在下图中找出完全一样的两个图形。

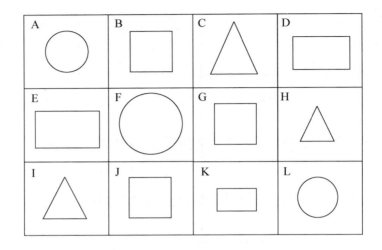

解：经仔细观察后可以看出，上图中有大、中、小 3 个圆，有大、中、小 3 个三角形，有大、中、小 3 个横向放置的长方形。另外，还有 3 个正方形，其中 G 与 J 完全相同，即它们的形状相同，大小相等。

【例 13】 在下图中找出完全一样的两个图形。

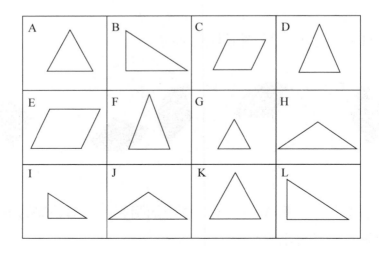

解：经仔细观察后发现上图中有 A、G、K 三个大小不同的等边三角形，有 B、I、L 三个大小不同的直角三角形，有 C、E 两个大小不同的平行四边形，有 D、F 两个大小不同的较高的等腰三角形。另外，还有两个较矮的等腰三角形，即 H 和 J，它们完全相同。

【例 14】 在下面的这组图形中，哪一个小图没有出现在大图中？请仔细观察并指出。

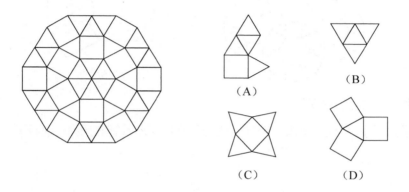

解：答案是 B。

【例 15】 在下面的这组图形中，哪一个小图没有出现在大图中？请仔细观察并指出。

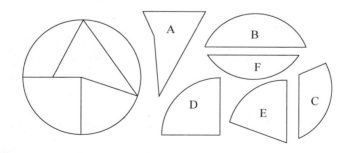

解：答案是 B。

【例 16】 下面是一个很漂亮的无缝拼接的平面图形。请找一找它的任一交点处的一个正六边形、两个正方形和一个正三角形，并计算围绕交点的 4 个角的度数之和。

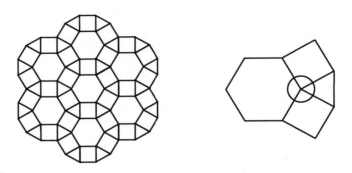

解：答案是 360°。

【例 17】 下图是按一定规律排列的。找出它的变化规律后，试着画出缺少的图形。

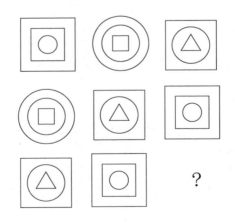

解：通过观察、比较可以发现，第一行和第二行的 3 个小图形是相同的，所不同的只是它们的排列顺序。还可以发现，从第一行到第二行，每个小图形都往左移动了一个图形的位置，而且第一行最左边的图形占据了第二行最右边的位置。

所以，在第三行的最后应画出如下图形。

【例 18 】 观察下面的一组图形，在"？"处应画出什么样的图形？

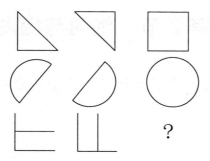

解：经过仔细观察可以发现，第一行和第二行中最右边的完整图形是这样变来的：将最左边的半个图形往右平移到中间图形所在的位置，然后去掉两个图形的重合部分。根据这个规律可知，在"？"处应画出如下图形。

【例 19 】 观察下面的一组图形，在"？"处应画出什么样的图形？

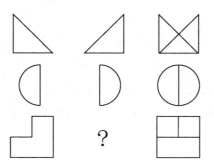

解：我们经过观察发现每行的第一个图形和第二个图形平移重叠后变成了第三个图，因此在第三行中的"？"处应画出以下图形。

第2节　练习与提高

（1）从下列每个小题给出的5个图形中选出与其他4个不同的一个。

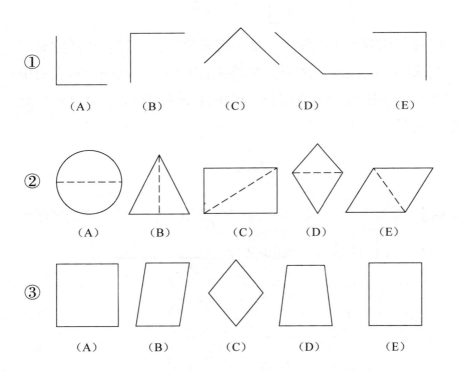

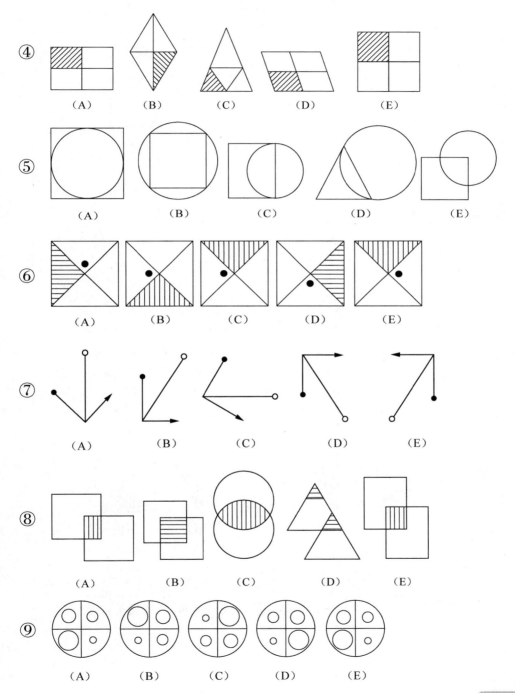

（2）在下面每个小题的 5 个图形中，哪一个与众不同？

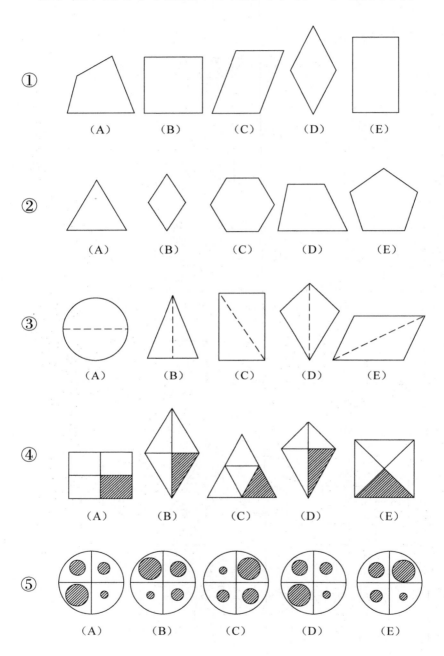

（3）在下面给出的每一组图形中，找出两个完全一样的图形。

①

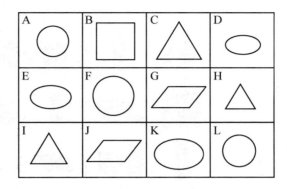

②

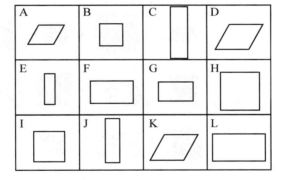

③

（4）在下面给出的每一组图形中，找出两个完全一样的图形。

①

②

③

（5）在下面给出的每一组图形中，找出两个完全一样的图形。

①

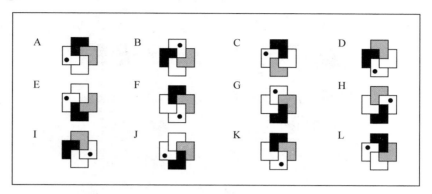

②

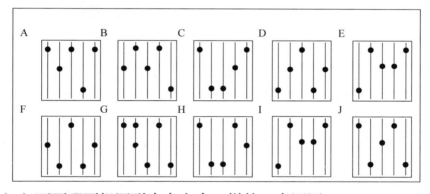

（6）下面哪两组图形中有完全一样的 5 套圆圈？

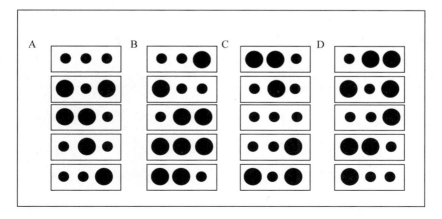

（7）观察下列图形，回答下述问题。

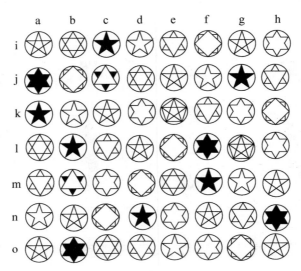

①找一找。

哪一列中有两个完全相同的图案？

哪一行中有两个完全相同的图案？

②数一数。

 ：共有_____个。

⬤ ：共有_____个。

★ ：共有_____个。

✡ ：共有_____个。

✡ ：共有_____个。

☆ ：共有_____个。

☆：共有_____个。

△：共有_____个。

◇：共有_____个。

✡：共有_____个。

（8）下图中有两组图案，每组都有完全相同的 3 个图案，请把它们找出来。（例如，第 A 列的第三个图案记为 A5，第 B 列的第二个图案记为 B4。）（2002 年台湾小学数学竞赛选拔赛复赛题）

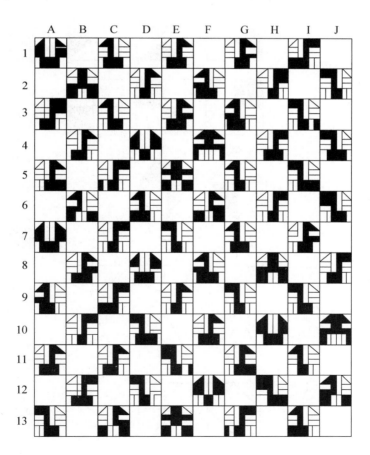

（9）下列各题中的图形都缺少一个，试根据对已给出的图形的观察，找出图形的变化规律，将所缺少的图形补上。

①

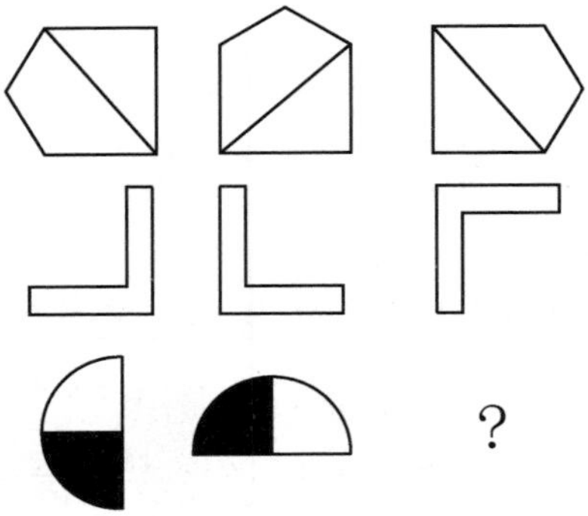

②

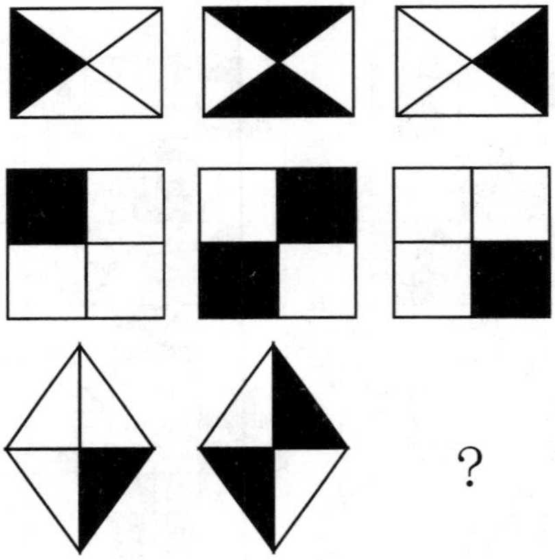

③

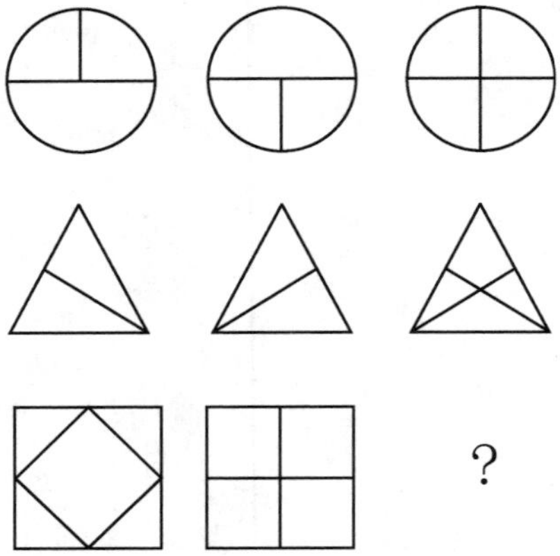

④

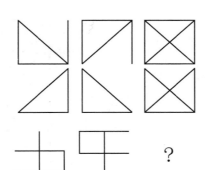

⑤

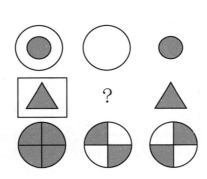

（10）找规律，画出"？"处所缺少的图形。

① 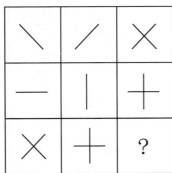   ②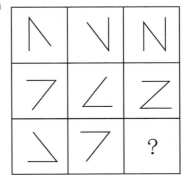

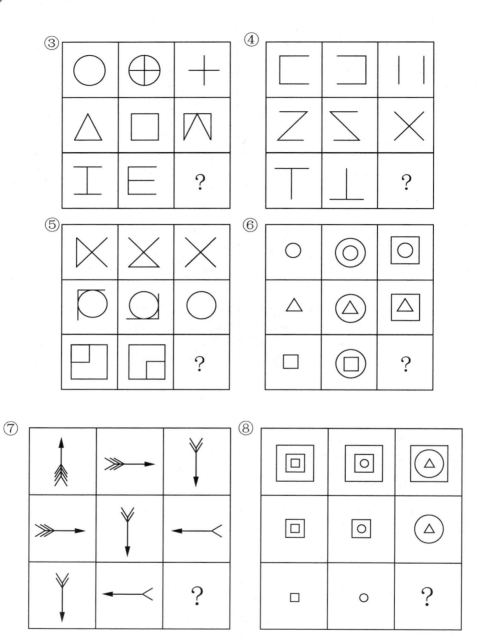

⑨ 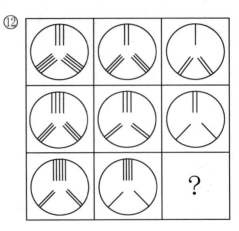 ⑩

⑪ 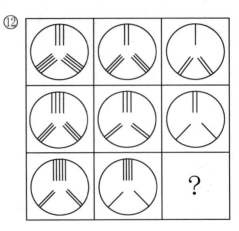 ⑫

⑬ 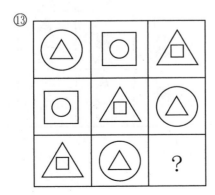 ⑭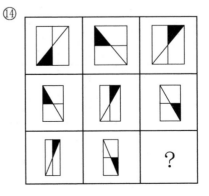

⑮

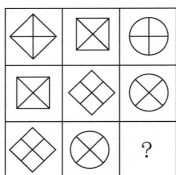

⑯

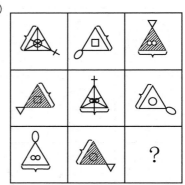

⑰

⑱

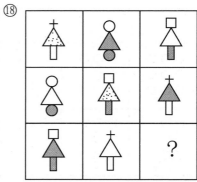

⑲

⑳

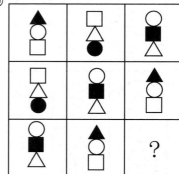

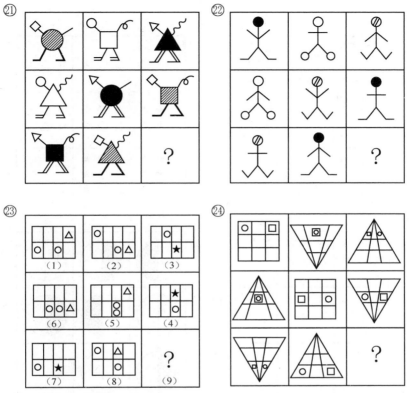

（11）在每组图形的空白处画出相应的图形或符号。（第二届"祖冲之杯"数学竞赛题）

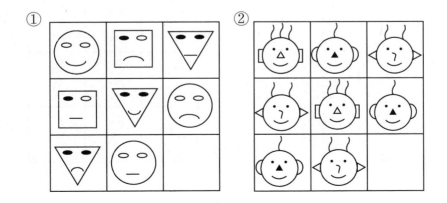

③

④

⑤

⑥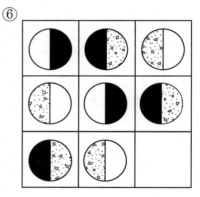

⑦

⑧

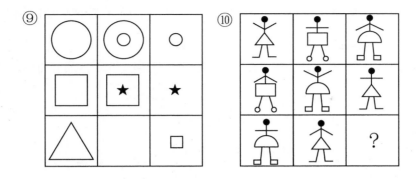

习题解答

（1）① D。其他图形都是直角，而图 D 不是直角。

② D。其他图形中的虚线都把图形分为相等的两部分，而图 D 则不是。或者选 A，因为图 A 是圆，是曲线形，而其他 4 个都是直线形。

③ D。其他图形都有两组对边分别平行且相等，而图 D 不是这样，它的上下两条边平行，但不相等，左右两条边相等，但不平行。

④ C。其他图形均被分成大小相同的 4 份，阴影部分占其中的一份，而图 C 则不是。

⑤ D。其他图形都是由正方形和圆构成的，而图 D 是由三角形和圆构成的。

⑥ C。把阴影三角形正放时，其他图形中的圆点都处于阴影三角形的左侧，而图 C 则不是。

⑦ D。其他图形中的 3 条线是这样配置的：伸出右手，其余四指由带箭头的一条线从直角内部握向带黑点的一条线时，拇指指向带圆圈的一条线。但图 D 不是这样的。

⑧D。图A、B、C、E中的阴影是两个小图形的重叠部分且只有一处，而图D中有两处阴影。

⑨D。在图A、B、C、E中，大圆、中圆、次小圆、小圆按顺时针方向排列，而在图D中是按逆时针方向排列的。

（2）①A；②D；③A；④D；⑤E。

（3）①G和J；②D和K；③A和G。

（4）①C和L；②G和I；③D和F。

（5）①F和K；②E和I。

（6）A和C。

（7）①a列：i和o。h列：i和l，m和o。

i行：a和g。k行：d和g。n行：b与f。o行：a和h。

②2；4；6；5；7；6；10；2；7；7。

（8）第一组为A11、E1、F10；第二组为B10、C7、H6。

（9）

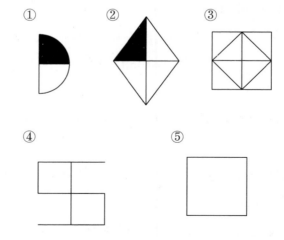

（10）

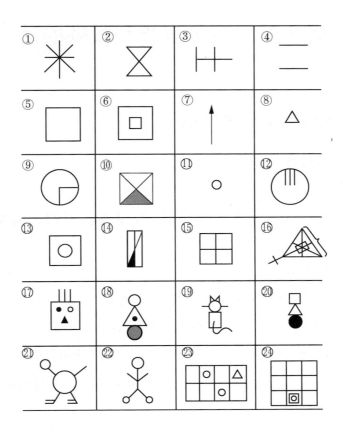

（11）

第 3 节　写给家长和教师的话

一、早点教给孩子思考方法

1. 比较与分类

比较是找出不同事物的相同点与不同点。

分类是根据不同点把事物区分开来，把那些具有相同点的事物归为一类。

2. 分析与综合

分析是把事物分解为各个部分后加以考察。

综合是把事物的各个部分联结成整体后加以考察。

我是这样给小朋友讲"分析"这种方法的："**分析**"就是用斧子（**斤**）把**木头砍八刀**。而"综合"就像把两三股细绳搓成一根粗绳那样。

3. 抽象与概括

抽象是指在思想中抽取事物的某个或某些属性而不顾其他方面。概括是指在思想中把从某类有限对象中抽取出来的属性推广到该类的一切对象上。没有抽象就不能进行概括，而概括也有助于抽象。

二、关于异同

很多小朋友就像古人一样，进行比较时往往采用直观化的方式，仅仅在极其相同的事物中发现它们的相同点，在极不相同的事物中发现它们的不同点。这是观察能力很低的表现。

大哲学家黑格尔（1770—1831）说："假如一个人能看出当前显而易见的差别，譬如能区分一支笔与一头骆驼，我们不会说这个人了不起。同样，一个人能比较两个近似的东西（如橡树与槐树或寺院与教堂）而知其相似，我们也不能说他有很强的比较能力。我们所要求的是要能看出异中之同和同中之异。"由此可见，我们要培养小朋友在极不相同的事物中找出相同点或在极其相似的事物中找出不同点的能力。

我非常欣赏黑格尔的名言"要能看出异中之同和同中之异"。除了在日常生活和工作中照着做之外，我还发现了一些美妙的事例，下面讲给大家欣赏。

著名科学家爱因斯坦（1879—1955）非常钦佩著名艺术家卓别林（1889—1977）。一次，他在写给卓别林的信中说："我很钦佩你。你的电影《摩登时代》世界上每个人都懂，你一定会成为一个伟人。"卓别林回信说："我也钦佩你，你的相对论世界上没有人懂，但你已经成为了一个伟人。"绝妙至极！

我国著名相声演员侯宝林（1917—1993）出身寒微，但聪明过人，思维敏捷。在一次记者招待会上，一位西方记者就美国总统里根（1911—2004）也曾当过演员一事机智地向侯先生发问："大师，里根是个演员，但是他当了总统，您认为您能有此殊荣吗？"侯先生答道："里根是个二流演员，而我是一流的。"这一机敏的对答富含哲理，把"异中之同"与"同中之异"在大庭广众之前表达得如此精准，绝妙至极。

德国著名诗人、思想家歌德（1749—1832）有一次在公园里散步，在一条仅能让一个人通过的狭窄小道上遇到了一位自负傲慢的批评家。两人越走越近，批评家率先开口说道："我是从来不给蠢货让路的。"设想一下，我们听了这样的挑衅，将会如何反应？是吵架还是对骂？讲理辩论吗？让我们看看歌德的应对吧！只听歌德轻声地跟对方说道："我却与你正好相反！"他说完就笑着退到路旁了。太妙了！不让路与让路，这是"异"；你的话中预设我蠢，我的言行告知你蠢，这是"同"。二人的水平高低立见。

我国春秋战国时期的哲学家庄子（约前369—约前286）对于事物的异同有着更为精辟的论述。《庄子·天下篇》中有这样的论述："大同而与小同异，此之谓'小同异'；万物毕同毕异，此之谓'大同异'。"这句话是什么意思呢？这句话是说，从事物局部的性质来讲，有大同、小同或小异、大异之分，故称为"小同异"，而从事物的整体来说，从"同"的角度看，万物都是相同的，而从"异"的角度看，万物又无不相异，故称为"大同异"。

爱因斯坦遇到一位朋友，这位朋友劝他说："爱因斯坦先生，你一定要买一件新外套。""那是为什么呢？"爱因斯坦说，"在这个镇上，几乎没有人认识我。"若干年后，他们二人又在这个镇上相遇。爱因斯坦仍然穿着那件旧外套。为此，他的朋友又对他提出忠告，劝他无论如何都要买一件新外套。"那到底是为什么呢？"爱因斯坦说，"在这个镇上，几乎谁都认识我。"多么有意思的对话，内含何样的"异"和"同"？

第 6 讲

图形想象力

第 1 节　"点连线"的奇想与发现
第 2 节　划分正方形：课堂上欢笑起来
第 3 节　画图形画：激发小学生的想象力
第 4 节　"摆木棍"游戏教学记
第 5 节　一笔画问题：玩着画，学归纳
第 6 节　七桥问题：学欧拉，会抽象

第1节 "点连线"的奇想与发现

一天做完作业后，小明无心地玩起了"点连线"。下面是他画出的点线图。

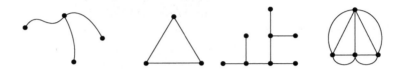

他画着点，连着线，脑海中突然闪现出了一个小想法：数一数从一个点上连出了几条线。他把从一个点上连出的线的条数写在了该点旁，如下图所示。

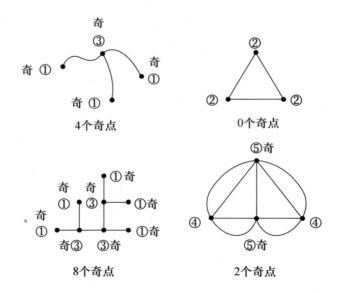

标完了线段条数后，小明突然又发现每个图中奇点（连出奇数条线的点）的个数都是偶数，即"连出奇数条线"的点的个数是偶数，如 0、2、4、6、8 等，如上图所示。然后，小明又随意画了一些点线图（见下图，注意每一个图中所有的点都有线依次相连），又验证了自己的发现。小朋友，请你也随意画一些点线图，并数一数奇点的个数。

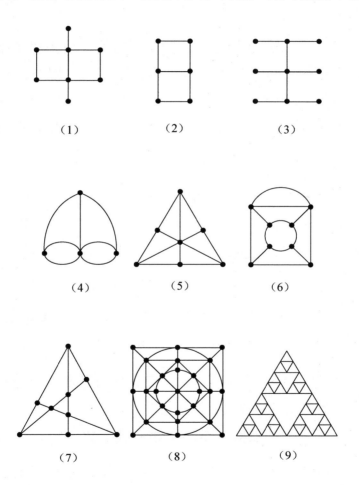

上面图中奇点的个数分别是：(1) 2；(2) 2；(3) 8；(4) 4；(5) 6；(6) 6；(7) 6；(8) 8；(9) 0。

小明把自己在点线图中的发现告诉了数学老师，得到了老师的表扬。老师还说了两点：一是还要琢磨琢磨为什么点线图中奇点的个数总是偶数而不是奇数，也就是说怎样理解这种现象的发生，要更深入地往下想一想；二是从图中看出数，而且发现了规律，这很了不起，以后还要继续这样做，要有意识地培养自己从新的角度看问题且有所发现的能力。

　　得到了老师的表扬和指导，小明高兴得很，很快就在点线图中有了新发现。他说："日字图中有 6 个点和 7 条线，另外还有以前被忽略了的两个小区域。我试着用 3 个数列出了一个得数为'1'的加减算式：6＋2－7＝1。我觉得有意思，立刻想到再看看别的图（见下面的图）。"

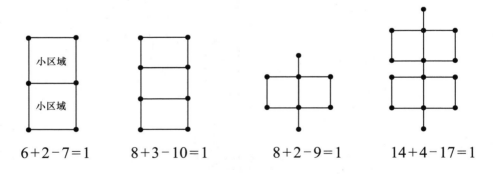

6＋2－7＝1　　　8＋3－10＝1　　　8＋2－9＝1　　　14＋4－17＝1

　　看到上述结果，小明预感到自己又有了新发现，于是他提出了一个"猜想"，即点线图的要素关系式：

点数 ＋ 小区域数 － 线条数 ＝1

　　然后，他找出了各式各样的点线图，对此式进行了检验，结果令他非常满意。

点数：4
小区域数：4
线条数：7
$$4+4-7=1$$

点数：7
小区域数：6
线条数：12
$$7+6-12=1$$

点数：9
小区域数：7
线条数：15
$$9+7-15=1$$

点数：8
小区域数：6
线条数：13
$$8+6-13=1$$

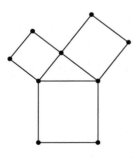

点数：9
小区域数：4
线条数：12
$$9+4-12=1$$

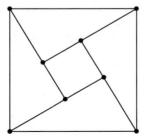

点数：8
小区域数：5
线条数：12
$$8+5-12=1$$

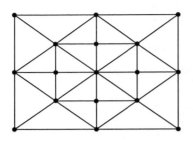

点数：17

小区域数：24 $\Big\}$ $17+24-40=1$

线条数：40

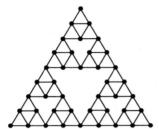

点数：42

小区域数：40 $\Big\}$ $42+40-81=1$

线条数：81

但是，小明还是不放心，因为他还记得老师以前说过的一句话"大胆猜想，小心求证"。所以，他又检验了以下简单的点线图，甚至是没有小区域的图。

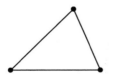

点数：3

小区域数：1 $\Big\}$ $3+1-3=1$

线条数：3

点数：4

小区域数：0 $\Big\}$ $4+0-3=1$

线条数：3

$$\left.\begin{array}{l}\text{点数}：2 \\ \text{小区域数}：0 \\ \text{线条数}：1\end{array}\right\} 2+0-1=1$$

$$\left.\begin{array}{l}\text{点数}：1 \\ \text{小区域数}：0 \\ \text{线条数}：0\end{array}\right\} 1+0-0=1$$

至此，小明有了信心，他认为自己用归纳法得出了"点线图公式"：

点数 + 小区域数 － 线条数 ＝ 1

第2节　划分正方形：课堂上欢笑起来

国际数学教育委员会的一份文件指出："培养学生对数学的积极态度是中小学数学教育的一个共同目的，帮助学生体验这种智力上的欢乐是达到这个目的的一种手段。然而实际上在任何一所学校里，这种欢乐都是有限的。也许在数学课堂上更多地进行没有固定答案的研讨的趋势，将会使更多的学生首次体验到科学女皇赋予该学科的美感。"[1]

张奠宙教授号召"把革新的小学数学教育带进21世纪"[2]。我看到他的文章中有这样一句话："要改造我们的'问题'。虽然小学数学问题简单，但还是应该更活泼些，情景题、开放题、机巧题、动手题太少了。"

是的，那种没有固定答案的开放题的确能让学生体验到"智力上的欢乐"，培养发散性思维，焕发想象力。下面介绍我以前在小学低年

---

[1]　戴再平《数学习题理论》第八章"数学开放题"。

[2]　张奠宙《把革新的小学数学教育带进21世纪》，此文载于《小学数学老师》1999年第1期。

级的课外活动班上关于两道开放题的教学过程。

题目：请把一个正方形分成形状相同、大小相等的 4 份，你能想出多少种不同的分法？

起初，学生只能找到如下的几种分法。经过我的启发和鼓励，他们越想越多，情绪也越来越高涨。

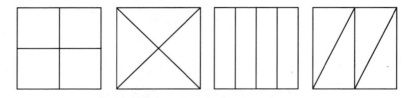

我把事先准备好的带大方格的纸（见下图）分发给大家，并说画得越多越好，图样越怪越好！

划分成形状相同、大小相等的 4 份

于是，大家高兴地画起来了，课堂上的气氛非常活跃。

中关村二小的一年级学生李兆回家后还在不停地想，不停地画，竟然找到了 18 种分法。下面的图是她在父亲的帮助下用计算机画出来的。

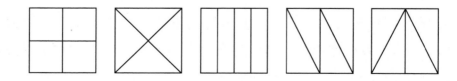

在备课时，我已想出了几十种不同的分法，还想到用曲线分割时图形会显得更加富有动感。在上课时，我又受到了学生灵感的启发，真可谓教学相长呀！我认识到讨论这种开放题的确是吸引学生主动参与教学过程的好办法。课后，我进行了总结，把我能想得出的各种图形画在了两张大纸上。在上第二次活动课时，我把这些美丽的图形挂了出来。学生一看，哇的一声惊呆了。"真好看！""真漂亮！"……他们从内心感受到了数学之美。这是美的体验，是蕴含于儿童自身的一种高雅情操的展现！

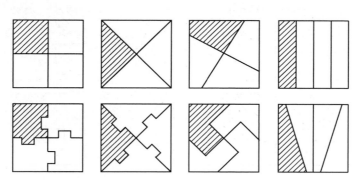

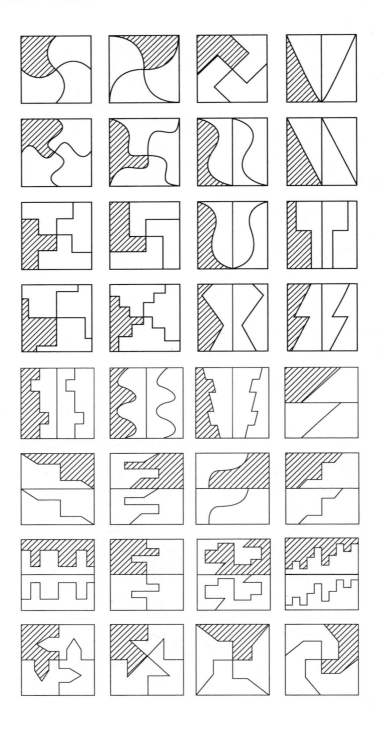

"哪里有数学，哪里就有美！"（哈尔莫斯语）学生感觉到了图形的匀称与优雅、多样与和谐。他们的赞美发自内心，他们的心与大数学家一样，善于发现和体验数学之美。

然而，作为完整的教学过程，我的课不能只停留在这种美感阶段，我意识到需要让学生从这种整体性的美的感觉中走出来，需要把他们引向"智力上的欢乐"，引向分析的兴趣，或者说引向数学更深层次的理性之美！我们应该把学生从这种形象的美感引向理性思维。许多大数学家就是从分割几何图形中发现和证明了许多重要的定理的。于是，我引导学生反思从图形分割中领悟到了什么更深刻的道理，怎么样才能画出更多的图形。

为此，我带领学生从总体上对分割活动进行概括和总结，使大家认识到了这种四分法的无限性，也体会到了进行分割时自己无意识地利用了对称性（操作的对称性产生了图形的对称性），并领悟到了操作中的正向思维（照着已有的样子画下去）和逆向思维（反着想，对着干，反正要跟别人画的不一样，或者跟自己以前画的不重样）。然后，我带领大家仔细地把这些图形分成几大类（见下图），明确同一类图形的不同点，学会从一个基本图形出发，从不同的角度进行划分，逐渐演化出一串串不同的图形出来。这样就从混沌中发现和创造了秩序，达到了从无序到有序的自组织过程,贯彻了"数学是关于模式和秩序的科学"以及"整理自然和社会的秩序需要数学"的根本思想。我认识到,让学生体验"美感"和发现"秩序",使这次动手分割图形的数学活动达到了数学教学的最高境界。

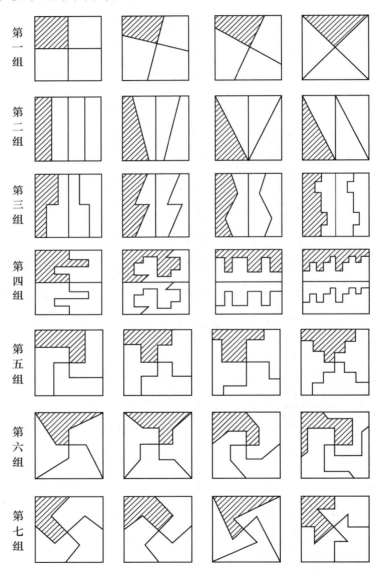

第 3 节 画图形画：激发小学生的想象力

法国哲学家狄德罗（1713—1784）曾说道："想象，这是一种特质。没有它，一个人既不能成为诗人，也不能成为哲学家，自然就不是一个机智的人、有理性的生物，也就不成其为人。"

众所周知，儿童从小就极富想象力。他们在很小的时候就喜欢听神话故事，做幻象游戏。他们会拿竹竿当马骑，会把布娃娃搂在怀里抚慰，会用捡来的石头和瓦片"过家家"。这种赋予什物以活的生命的想象力和诗人、艺术家别无二致。要知道，他们在做这种幻想游戏时，现实被"人为地"以另一种方式加以解释，无生命的东西被儿童按照自己的想象和愿望加以重新创造了。

可是入学后，儿童的世界发生了新的变化。一般来讲，学校的主要任务在于让无规则的儿童行为符合规则，将游戏的乐趣变为有目标的作业态度，以及侧重于收敛思维的严格训练。这样一来，在学校里，儿童的行为就会处处受到规范，比如需要按正确的笔顺写字，按四则运算规则进行数的运算，行为要符合《小学生守则》。总之，虽说这一切是必要的，但无疑会对儿童天真烂漫的想象力加以限制与打击，可怕的是还可能抑制儿童的创造性冲动。

今天，我们已认识到上述矛盾的存在给学校和教师提出了一个严肃的问题：在学校教育中，如何才能把必要的、符合规则的思维训练与更高水平的、奔放的想象力结合起来，把儿童引导到更有成效的创造行动中去呢？

对此，我认为在小学阶段，特别是低年级，数学教育责无旁贷。果真如此吗？一般人认为数学学习和研究只需遵守严格的逻辑，而无需想象力！

为了弄明白，让我们再读一读下面这些话吧！

数学家 A. D. 莫尔坎说："数学的运动能量不是推理，而是想象。"

数学家 Y. B. 查兰说："数学家还需要有高度的直觉和想象力，因为有了这种能力，他们才能打破旧时代的僵化传统，并建立新的革命性的概念。"

数学家 N. A. 考特说："确实，数学家所表现出来的创造性的想象力在任何方面都没有被超越过，甚至没有被赶上过。"

著名数学家希尔伯特（1862—1943）甚至认为数学比文学更需要想象力。有一次，他得知一名年轻的数学家放弃了数学而致力于文学创作。不少人为之感到惋惜，他却说："这很简单！他没有足够的想象力搞数学，却有足够的想象力去写小说。"

以上谈的是在我身上发生过的观念性转变问题，这是被先解决了的。现在我进一步认识到，对于低年级的小学生来说，激发其想象力，关键是要寻求好的数学题材并以特有的方式进行有趣的课堂教学。为此，我收集、整理了一些资料，在一年级的数学课堂上进行尝试，效果不错，兹举之如下。

题目：试用两条线段、两个三角形和两个圆组成一幅图画，看谁画得多，看谁画得怪。

我先在黑板上画出了以下两幅画，作为示例。

渔翁　　　　　杂技演员

然后，我对学生说："大家弄明白我的判分标准是画得多得分多，画得怪得分会更多！请大家大胆地画吧！"

接下来，按下述程序进行课堂教学。

①我先叫学生在练习本上画，自己在教室中巡察，偶尔给个别学生一点提示，或者给学生纠正一点错误（比如有的学生只画了一个三角形），或者给特吃力的学生（比如有的学生连一幅画都没画出来）"开个小灶"，个别辅导。

②到适当的时候，我便指定几个学生到黑板前把自己练习本上的某幅画画到黑板上去，供全班学生参考、欣赏。

③再过一会儿，我叫大家停下来看黑板上的画，并叫小作者向大家介绍，请其他学生自由评说。

④最后，让邻座的学生互相交换练习本，小范围内互相观摩，互相交流，互相学习。

在教学过程中，我还注意到以下几点。

①不论学生画成什么样，我都不做评价，也不加以批评。对于特别不成样子的画，我反而戏之曰："好！抽象派！"于是，我跟着学生

一起笑了起来。

②如果发现某个学生画的画少了一条线段，或多了一个圆，则立刻指出来，令其纠正，使其树立"游戏规则"意识。

③课堂秩序有时会出现"失控"现象，某些学生擅自跑到黑板前把自己的画画上去，我基本上都会"宽容"一下，不加指责。

另外，在多年的教学实践中，我还发现了个人和群体的想象活动的发生及进展具有一些规律性的东西。我想别的老师进行这样的课堂教学活动，也会有同样的收获。在此提醒大家，注意观察，积累资料。

下面摘录一些学生想象出来的图形画，供大家欣赏。

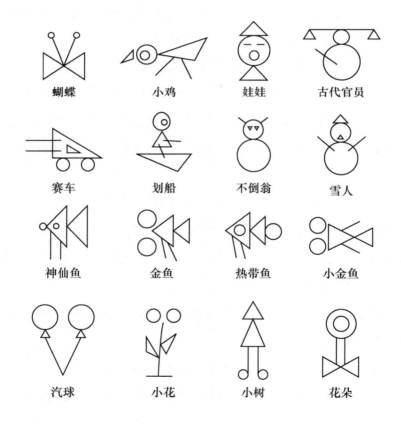

| 蝴蝶 | 小鸡 | 娃娃 | 古代官员 |

| 赛车 | 划船 | 不倒翁 | 雪人 |

| 神仙鱼 | 金鱼 | 热带鱼 | 小金鱼 |

| 汽球 | 小花 | 小树 | 花朵 |

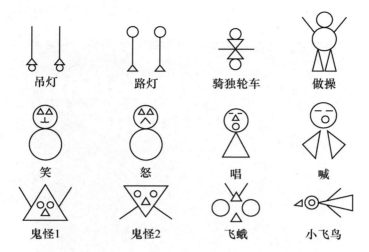

一位学生随后还"联想"出了另一道类似的题。

题目：用 3 条线段和 3 个圆画图形画。

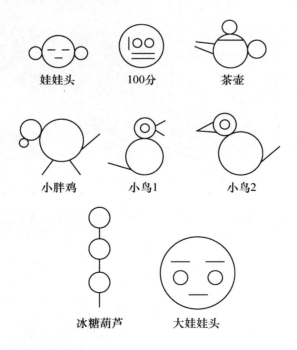

以上内容曾刊载于英国伦敦发行的《国际天才教育》杂志 1997 年

第 12 卷第 2 期，当期封面以图形画作为封面设计元素，见下图。

第 4 节 "摆木棍"游戏教学记

一、示例

规定每根木棍只能且必须与其他木棍在端点相接，那么 3 根木棍可有下面 3 种不同的摆法。

二、出题

给每个小朋友一些木棍，要求他们每次用 4 根木棍按上述规定摆放，问可能有多少种不同的摆法。

做这种题目时，除了要发挥想象力以外，还需要运用发散性思维。我在课堂上看到，一般情况下，大部分学生只能摆出两三个图形，个别学生能把所有的可能情况都摆出来。这说明他已悟出了依据接点数目进行分类的概念。我让他们上讲台，在黑板上画出来给大家看。

三、难题

我给学生足够多的木棍，要求他们用 5 根木棍按规定摆出尽可能多的图形。这是对他们的想象力和发散性思维能力的更大挑战。下面给出了我和学生一起想出来的 12 种不同的摆法，学生可以从中学习分类技能。

四、总结

　　这种摆木棍游戏主要用于引导学生学习分类技能，培养他们在活动中按一定的分类标准进行周密思考的意识。让我们从简单情况开始进行一下总结吧！

木棍根数	摆法种数	连接方式
1 根	0	（没有连接问题）
2 根	1	
3 根	3	1 个接点： 2 个接点： 3 个接点：
4 根	5	无环 1 个接点： 无环 2 个接点： 无环 3 个接点： 有环 3 个接点： 有环 4 个接点：

续表

木棍根数	摆法种数	连接方式
5 根	12	

五、补记三条

有人说用 6 根木棍可以摆出 28 种图形，用 7 根木棍可以摆出 74 种图形，用 8 根木棍可以摆出 207 种图形。

（1）下面是课后我与学生用 6 根木棍摆出的 28 种图形，请你试着画一画。

有无环	摆法种数	连接点数	连接方式
无环	1	1	
	3	2	
	4	3	
	3	4	
	1	5	
有环	3	3	
	4	4, 5	
	2	4, 5	
	3	4	
	4	5, 6	

（2）为了易于辨认，增大区分度，课后我琢磨出另一类别样的摆法，请见下表。

木棍根数	摆法种数	连接方式
2根	1种	1个接点
3根	3种	1个接点　　2个接点　　3个接点
4根	5种	1个接点　　2个接点　　3个接点 3个接点　　4个接点
5根	12种	1个接点　　2个接点　　2个接点 3个接点　　3个接点 4个接点 3个接点　　3个接点　　3个接点 4个接点　　5个接点　　4个接点

（3）"摆木棍"游戏涉及数学中的图论思想，特别是摆出的图形也不是欧氏几何图形的概念，特别具有新意，我们能从中体会到抽象的数学蕴含着巨大的应用价值。

知识拓展：图论里的图是由"点"及其"连线"组成的，正式的说法是由"顶点"和"边"组成的，图的每条边恰好连接着两个顶点。用图论的术语说，就是这条边"关联"这两个顶点。图的顶点一般是有限的，可以表示所求解问题里的人或物；图的边一般也是有限的，表示顶点间的某种关系。

可见，"图论图"与欧几里得的"几何图"不同。图论中的图与"形状""面积""体积"等几何要素没有关系，它只是一种"点连线"。

1736 年，瑞士大数学家欧拉由解格尼斯堡七桥问题而创立了图论这门学科。到 20 世纪中叶，随着当代科学技术的飞速发展，图论由于所具有的特殊功能（它能解决许多用传统的数学方法无法解决的问题），由于它的形象和直观，成为一种有力的工具，故而已经被广泛地应用于物理学、化学、生物学、计算机科学、运筹学、心理学、语言学、社会学等众多的自然科学和社会科学领域。下面展示了一些有机物分子的结构。

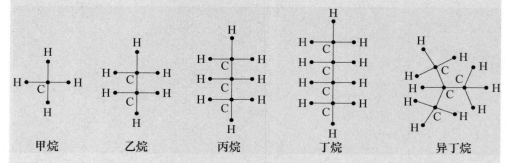

甲烷　　　乙烷　　　丙烷　　　丁烷　　　异丁烷

德国化学家凯库勒（1829—1896）于 1865 年提出了有机物苯分子的苯环结构。它是一种平面正六边形，每个顶点有一个碳原子，每个碳原子和一个氢原子结合,如下图所示。这也是一个由"点连线"形成的环状图形。凯库勒说,他在夜里梦见了一条蛇咬着自己的尾巴形成了一个圆圈,因此受到启发才想到了苯环分子结构。

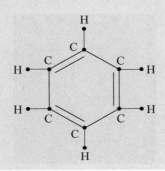

第5节 一笔画问题：玩着画，学归纳 [1]

数学大师陈省身（1911—2004）告诉我们："数学好玩。"我想教教小朋友在玩的过程中学会总结归纳。

归纳法在数学中有着十分重要的作用。所谓归纳，就是通过对特殊情形的分析引出普遍的结论。大数学家高斯曾说过，他的许多数学定理都是靠归纳法发现的。运用归纳法就要善于观察和做实验。大数学家欧拉曾说，数学这门学科需要观察，也需要实验，当然在观察和实验的基础上还要大胆猜想，从而引出一般性的结论。我们将通过具体的例子学习归纳。

一天，小明做完作业后正在休息，收音机播放着轻松、悦耳的音乐。他拿了一支笔，信手在纸上写了"中""日""田"三个字。突然，他

---

[1] 本节内容摘选自《华罗庚学校数学课本（二年级）》，北京市华罗庚学校编，中国大百科出版社，1996年第1版。

的脑子里闪现出一个念头,这几个字都能一笔写出来(没有重复的笔画)吗?他试着写了写,发现"中"和"日"可以一笔写成,但写到"田"字时,试来试去也没有成功。下面是他写的字样。

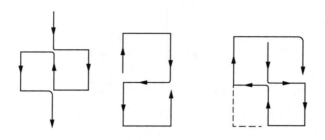

这可真有意思! 由此,他又联想到一些简单图形,哪些能一笔画成,哪些不能一笔画成呢? 下面是他试着画的图样。

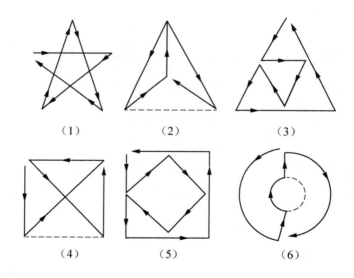

经过反复试画,小明得到了初步结论:图中的(1)、(3)、(5)能一笔画成,(2)、(4)、(6)不能一笔画成。真奇怪! 小明发现,简单的、笔画少的图形不一定能一笔画出来,而复杂的、笔画多的图形有时反

而能够一笔画出来，其中隐藏着什么奥秘？小明进一步提出了如下问题：如果说一个图形能否一笔画出不决定于它的复杂程度，那么决定于什么呢？

能不能找到一条判定法则，依据这条法则，不论一个图形复杂与否，我们不用试画就知道它能不能一笔画成？

先从最简单的图形进行考察。一些平面图形是由点和线构成的，这里所说的线可以是直线，也可以是曲线。为了明显起见，图形中所有线的端点或几条线的交点都用较大的黑点表示。

首先，不难发现每个图形中的每一个点都有线与它相连，有的点与一条线相连，有的点与两条线相连，有的点与 3 条线相连，等等。

其次，从前面的试画过程中已经发现一个图形能否一笔画成不在于它是否复杂，也就是说不在于这个图形包含多少个点和多少条线，而在于点和线的连接情况如何——一个点在图形中究竟和几条线相连。看来，这是需要仔细考察的。

1. 第一组

（1）2 个点，1 条线。每个点都只与一条线相连，如右图所示。

（2）3 个点，2 条线。两个端点都只与一条线相连，中间点与两条线相连，如右图所示。

第一组中的两个图形都能一笔画出来。注意，第二个图必须从一个端点画起。

2. 第二组

（1）5 个点，5 条线。点 A 与一条线相连，点 B 与 3 条线相连，其他的点各与两条线相连，如下图所示。

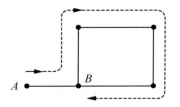

（2）6个点，7条线（日字形）。点 A 与 B 各与3条线相连，其他的点都各与两条线相连，如下图所示。

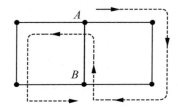

第二组中的两个图形也都能一笔画出来，如图中箭头所示，即起点必须是点 A（或点 B），而终点必定是点 B（或点 A）。

3. 第三组

（1）4个点，3条线。3个端点各与一条线相连，中间点与3条线相连，如下图所示。

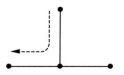

（2）4个点，6条线。每个点都与3条线相连，如下图所示。

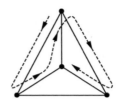

（3）5个点，8条线。点 O 与 4 条线相连，其他 4 个顶点各与 3 条线相连，如下图所示。

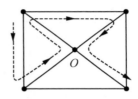

第三组中的 3 个图形都不能一笔画出来。

4．第四组

（1）五角星。5 个角的顶点各与两条线相连，其他各点都各与 4 条线相连，如下图所示。

（2）圆与其内接三角形。有 3 个交点，每个点都与 4 条线相连（这4条线包括两条线段和两条弧线），如下图所示。

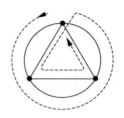

（3）正方形与其内切圆。正方形的 4 个顶点各与两条线相连，4 个交点各与 4 条线相连（4 条线包括两条线段和两条弧线），如下图所示。

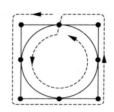

第四组中的 3 个图比较复杂，但每一个图都可以一笔画成，而且画的时候从任何一点开始画都可以。

5．第五组

（1）品字形。它由 3 个正方形构成，3 个正方形之间没有线相连，如右图所示。

（2）古代钱币。它由一个圆形和中间的正方形孔组成，圆和正方形之间没有线相连，如右图所示。

第五组中的两个图形叫不连通图，显然不能一笔把这样的不连通图画出来。

下面进行总结归纳，看能否找出可以一笔画成的图形的共同特点。为方便起见，把点分为两种并分别定名：与 1 条、3 条、5 条等奇数条线相连的点叫作奇点；与 2 条、4 条、6 条等偶数条线相连的点叫偶点。这样，图中的点要么是奇点，要么是偶点。

提出猜想：一个图能不能一笔画成可能与它包含的奇点的个数有关。对此，我们列表详查。

组别	能否一笔画成	一个图中的奇点个数	说明
第一组	能	2	两个端点是奇点
第二组	能	2	点 A、B 是奇点
第三组	不能	4	前两个图中的每个点都是奇点，第三个图中长方形的 4 个顶点是奇点
第四组	能	0	3 个图中都不包含奇点，即每一个点都是偶点
第五组	不能	—	图的各部分之间不连通，当然就不能一笔画成

从此表来看，猜想是对的。下面试提出几条初步结论。

（1）不连通的图必定不能一笔画，能够一笔画成的图必定是连通图。

（2）有 0 个奇点（即全部是偶点）的连通图能够一笔画成（画时可以任一点为起点，最后将回到该点）。

（3）只有两个奇点的连通图也能一笔画成（画时必须以一个奇点为起点，而另一个奇点为终点）。

（4）奇点个数超过 2 的连通图不能一笔画成。

最后，将上述结论综合成一条判定法则：有 0 个或 2 个奇点的连通图能够一笔画成，否则不能一笔画成。

能够一笔画成的图形叫作"一笔画"。

用这条判定法则判断一个图能否一笔画成时，只要找出这个图中奇点的个数就行了，不必用笔试着画来画去。

看看下面的图可能会加深你对这条法则的理解。其中，圆圈代表"点"。

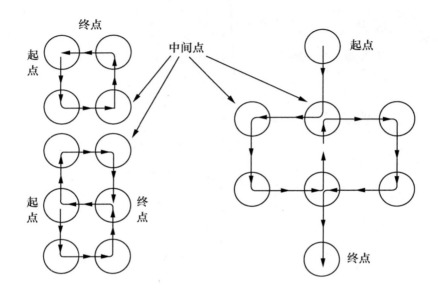

从画图的过程来看，总是先从起点出发，然后进入下一个点，出来后再进入其他的点，最后进入终点，不再出来。由此，可以得到以下两点认知。

（1）笔经过的中间各点是有进有出的。若经过一次，该点就与两条线相连；若经过两次，则该点就与4条线相连。所以，中间点必为偶点。

（2）再看起点和终点，可分为以下两种情况。如果笔无重复地画完整个图形后回到起点，终点和起点就重合了，那么这个重合点必为偶点。这样一来，整个图形中的所有点必将都是偶点，或者说有0个奇点。如果用笔画完整个图后回不到起点，就是终点和起点不重合，那么起点和终点必定都是奇点，因而该图中必有2个奇点。可见，有0个或2个奇点的连通图能够一笔画成。

【例1】 下面的各个小图形都是由点和线组成的，请你仔细观察后回答下列问题。

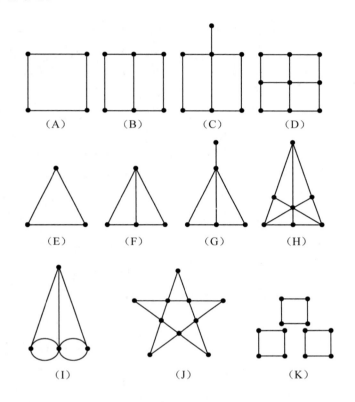

（1）与一条线相连的点有哪些？

（2）与两条线相连的点有哪些？

（3）与 3 条线相连的点有哪些？

（4）与 4 条或 4 条以上的线相连的点有哪些？

解：（1）与一条线相连的点如下（在图中用黑点表示，下同）。

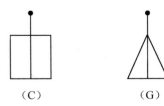

（2）与两条线相连的点如下。

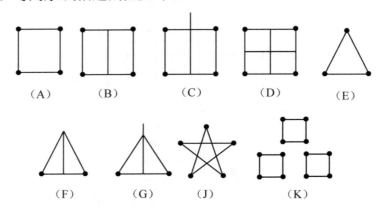

（3）与3条线相连的点如下。

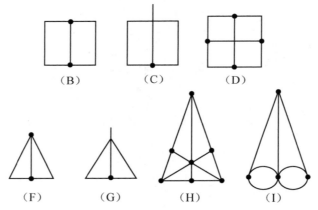

（4）与4条或4条以上的线相连的点如下。

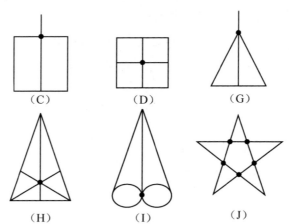

【例 2】　对于例 1 中的图形，请你回答下列问题。

（1）有 0 个奇点（即全部是偶点）的图形有哪些？

（2）有 2 个奇点的图形有哪些？

（3）有 4 个或 4 个以上的奇点的图形有哪些？

（4）连通图有哪些？不连通图有哪些？

解：（1）有 0 个奇点（即全部是偶点）的图形是 A、E、J、K。

（2）有 2 个奇点的图形是 B、C、F、G。

（3）有 4 个奇点的图形是 D、I，有 6 个奇点的图形是 H。

（4）A~J 是连通图，K 不是连通图。

【例 3】　结合例 2，自己动笔实际画一画，然后回答下列问题。

（1）哪些图能够一笔画成？

（2）哪些图不能一笔画成？

解：（1）能一笔画成的图有 A、B、C、E、F、G、J。

（2）不能一笔画成的图有 D、H、I、K。

【思考题】下边的两个"人头像"能不能一笔画成？

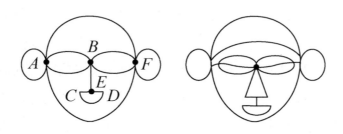

第6节　七桥问题：学欧拉，会抽象 [1]

就本质而言，数学是抽象的。数学的进步及其活力总是依赖抽象对具体的帮助以及具体对抽象的哺育。

善于使用化归法是数学家思维方式的一个重要特点。也就是说，在解决难题时，数学家往往不是对问题进行直接的"攻击"，而是通过变形，使之发生转化，直到最终把它转化为之前已经解决了的问题。

伟大的数学家欧拉有一双会抽象的眼睛。1736年，他用抽象的眼光看七桥问题，把过桥问题化归成了"一笔画"（见下图）。

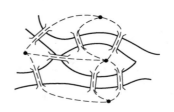

大约300年前，有一个问题曾出现在普通人的生活中，向人们的智力挑战。在相当长的一段时间里，很多人都想解决它，但他们都失败了。今天，小学生也可以大胆地研究研究它。这个问题叫作"七桥问题"。

当时，德国有座城市叫柯尼斯堡（现俄罗斯加里宁格勒），城中有条河，河中有座岛，河上架有7座桥，如下图所示。这些桥把陆地和小岛连接起来，这样就给人们提供了一个游玩的好去处。人们在游玩时想出了这样一个问题：如果在陆地上可以随便走，而每座桥只许通

———————
[1]　本节内容摘选自《华罗庚学校数学课本（二年级）》，北京市华罗庚学校编，中国大百科出版社，1996年第1版。

过一次，那么一个人要连续走完这 7 座桥，他应该怎么走？

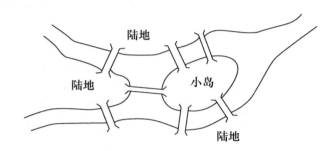

　　好动脑筋的小朋友先不要接着往下读，你也可以试一试，走一走。

　　你是怎样试的呢？你不可能真到柯尼斯堡去，像当年的游人那样亲自步行过桥上岛，因为你并没有离开自己的教室。你坐在教室里，你的面前没有河流，没有小岛，也没有桥，但你的面前有一幅图！

　　可是，这又是一幅什么样的图呢？图上并没河流、小岛和桥的原样，只有一些线条来代表它们，但明白无误地显示出了它们之间的位置关系和连接方式。可以说，这是一幅为了研究数学而舍弃了许多无关的真实内容而抽象出来的"数学图"。

　　这样的抽象过程非常重要，这种抽象思维对于学习数学来讲非常重要。

　　也许你是用铅笔在图上画来画去进行试验的。好！你做得很好！为什么这样说呢？因为你在这样做的时候就发挥了自己的想象力。你在无意中把自己想象成了一个小笔尖，你把小笔尖在七桥图上画来画去想象成了自身的经历。有位教育家曾说道："强烈而活跃的想象是伟大智慧不可缺少的属性。"看来你并不缺少这种想象力！

　　让我们再好好地想一想。刚才你把小笔尖在七桥图上画来画去想象成自己过桥的亲身经历，这不就是把过桥问题和一笔画问题联系在一起了吗？用一句数学上常用的话来说，这就是把实际生活中的问题转化成了数学问题。下面的图把这种转化过程详细地画了出来。

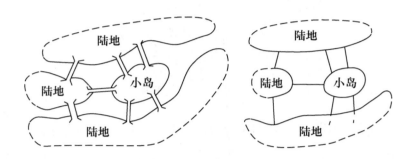

在上面的左图中，我们把陆地想象成了几大块，这对过桥问题并不产生影响。在上面的右图中，我们进一步把陆地缩小，同时改用线段代表桥，这也不改变过桥问题的实质。

在下面的左图中，我们进一步用圆圈代表陆地和小岛，这已经是"几何图形"了，但还是有点复杂。在下面的右图中，圆圈进一步缩小成了点，这样它变成了只由点和线构成的最简单的一种图形。

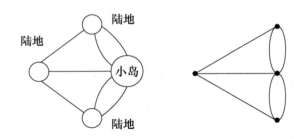

经过上面这样的一番简化，七桥问题的确变成了上面的最终图形能否一笔画成的问题了。我们很容易看出图中共有 4 个奇点，由前文讲到的判定法则可知它不能一笔画成，因而人们根本不能一次连续不

重复地走过 7 座桥。

这样，七桥问题就得到了圆满解决。

这种解法是大数学家欧拉找到的，这种简化也是一种抽象过程。所谓"抽象"就是在解决实际问题的过程中舍弃与问题无关的方方面面，而只抓住那些能体现问题实质的东西。在七桥问题中，陆地和小岛的大小、桥的宽窄和长短都无关紧要。

最后，再把解决七桥问题的要点总结一下。

（1）把陆地和小岛缩小画成点，把桥画成线，这样就把原图变成了一种简单的"点连线"图形了。

（2）如果这种由点和线组成的图形能一笔画成，人们就能一次不重复地通过所有的桥；如果这种图形不能一笔画成，人们就不能一次不重复地通过所有的桥。

（3）由前述判定法则可知，有 0 个或 2 个奇点的连通图能一笔画成，而奇点超过 2 个时，图形就不能一笔画出来。

总之，欧拉成功地解决了柯尼斯堡的七桥问题，而解题的关键就在于适当的抽象。欧拉正确地认识了整个问题与所走路程的长度完全无关，而且岛与河岸无非就是桥梁的连接点。因此，可以把所说的这 4 个地点设想（即抽象）成 4 个"点"，并把 7 座桥设想成 7 条"线"。这样，原来的问题就被化归为一个"一笔画"问题。学习欧拉模仿这种思路，能解决好多类似的问题。

【例 1】　过桥问题：可否一次通过所有的桥（每座桥只能走一次）？

示例：

7座桥　　　　　　　　　　　　　　不可　　　4个奇点

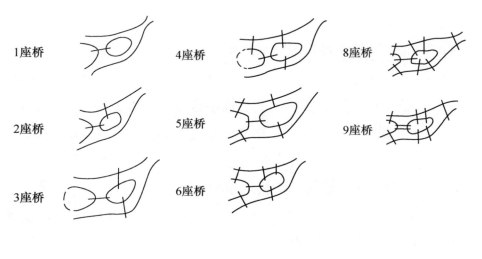

解：

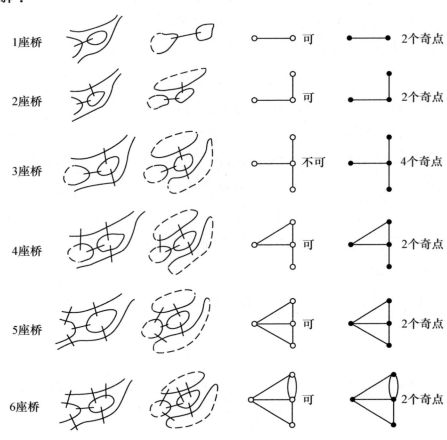

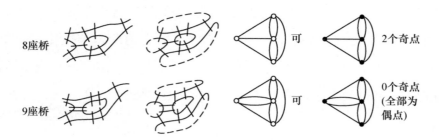

| 8座桥 | | | 可 | 2个奇点 |
| 9座桥 | | | 可 | 0个奇点（全部为偶点） |

【例2】 下图所示是乡间的一条小河，上面建有 6 座桥，你能一次不重复地走遍所有的小桥吗？（每座小桥最多只准走一次，陆地可以重复走。）

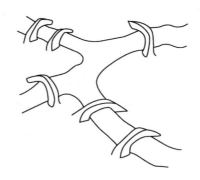

解：如下图所示，可知不能一次不重复地走遍所有的小桥，因为图中有 4 个奇点。

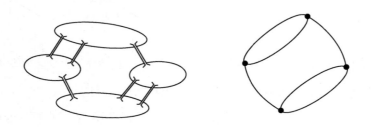

【例3】 我国著名数学家陈景润（1933—1996）编写的《数学趣谈》

一书中有这样一道题，大意是说：法国首都巴黎有一条河，河中有两座小岛，那里的人们建了 15 座桥把这两座小岛和河岸连接起来，如下图所示。请你说一说，从任意一侧的岸边出发，一次连续通过所有的桥到达另一侧的岸边，可能吗？（每座桥只能走一次。）

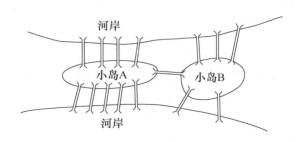

解：由于通往两座小岛中的任何一座的桥的数目都是偶数，而通往两岸的任何一侧的桥的数目都是奇数，这就表示由任意一侧的岸边出发，都存在一条路，供人们将所有的桥都只走一次而到达对岸。画出图来就一目了然了，见下图。

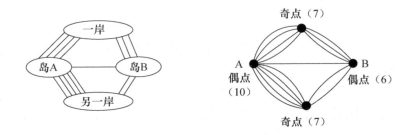

因为图中共有两个奇点，且奇点均为岸，这是个能一笔画成的图形，所以人们可以一次不重复地通过所有的桥到达对岸。

【例 4】 欧拉原文《柯尼斯堡的七座桥》（1736 年）中有一道题："让我们看一个有 4 条河和两座岛的例子，如下图所示。15 座桥标以 a、b、c、d 等标记，建在各条河上。被水分隔的各地用字母 A、B、C、D、E、

F 标出。能不能安排一条路线，恰好通过所有的桥各一次？"

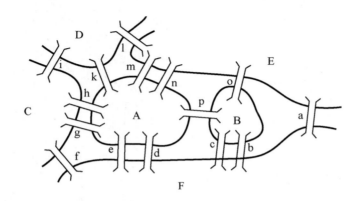

解：只有 2 个奇点 D 和 E，故可从点 E 出发到点 D。欧拉安排的路线为：EaFbBcFdAeFfCgAhCiDkAmEnApBoElD。

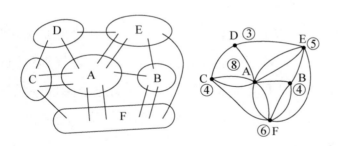

【例 5】　下图所示为一座售货厅，顾客从入口进去时，能够一次不重复地经过各个门吗？请说明你的理由。

如果售货厅出口在 4 号房间，请你设计再开一个门，使顾客从入口进去后一次不重复地经过各个门，再从 4 号房间走出售货厅。你打算在哪里再开一个门？

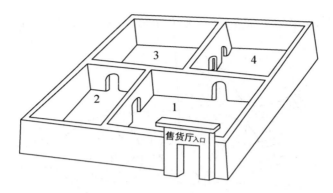

解：从入口进入售货厅后，从 1 号房间开始，不能一次不重复地经过厅内的各个门，因为虽然整个图形（见右图）中只有两个奇点，但点 1 是偶点。

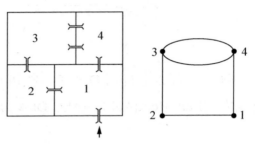

当出口在 4 号房间中时，如果再在 1 号房间和 3 号房间之间开一个门（见下图），则从 1 号房间开始就能一次不重复地经过厅内的各个门，因为点 1 变成了奇点，点 4 仍为奇点，而整个图形中只有两个奇点。所以，可以从 1 号房间进入，从 4 号房间出来。进入售货厅后，先从 1 号房间进入 3 号房间即可。

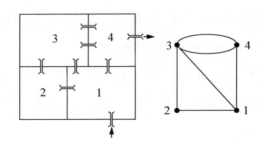

致　谢

首先，我要对著名数学家与数学教育家张景中先生致以最诚挚的敬意。尊敬的景老，重任在身，众望所归，不惮辛劳抽时间与我讨论，使我有幸获得了此生难忘的与大师交流的宝贵机会。在讨论过程中，我在不少关键知识点上得到了高观点的指导，景老的一两句话往往便击中要害，令我深思、视野大开，真正体会到了什么叫"听君一席话，胜读十年书"，真正体验到了与大师交流的感受是多么妙不可言！

高山仰止，景行行止。景老深厚的学养、严谨的学风、谦逊的品格令我钦佩不已，我虽不能至，但心向往之。更让我敬佩的是，景老在数十年前创造性地提出了教育数学思想。美国奥特本大学终身教授童增祥（1944—）曾说，可将数学分为"纯粹数学""应用数学"与"教育数学"，而"教育数学"是中国数学家的伟大创造。童教授的高度评价让我深受启发，认识到"景中教育数学"思想具有的重大意义。

其次，我要对本套图书的编辑刘朋先生表示最衷心的感谢。在拙稿成书的过程中，刘编辑与我讨论疑难问题，纠正隐含的错误，并提出了一些很有价值的建议，其专业水平之高令我心悦诚服；他对拙稿反复进行核对，力求完美无误，其敬业精神之范令我铭感五衷。

最后，我要感谢人民邮电出版社的出版团队，他们做出了非常重要的幕后工作。

刘治平

2023 年 12 月 28 日